飼い主さんに伝えたい130のこと

インコがおしえるインコの本音

愛玩動物飼養管理士一級
磯崎哲也 監修

朝日新聞出版

はじめに

疑問や悩みを抱えたインコのみなさん。

もしかして、あなたはこう考えていませんか？

「飼い主さんに気持ちを伝えたい」

「あのインコの行動は、いったいなに？」

「そもそもインコってなに？」

そんな疑問や悩みには、
インコ界きっての〝知識鳥〟である
わたしがお答えしましょう。

本書では、インコの性質を確認し、
次に、コミュニケーションをとる方法や、
気持ちを伝えるためのボディランゲージ、
不思議な行動の意味、体のヒミツ、豆知識など、
知っておきたいインコ情報を学べます。
本書でお伝えしたことさえ覚えておけば、
より充実したインコライフが送れるはず！
でも、飼い主さんには、この本のことはヒミツですよ。

ヨウム先生
磯崎哲也

おしえて！ ヨウム先生

セキセイインコ・♂

おしゃべりが大好きな男の子。特技はものまね。

ヨウム先生・♂

インコのことならなんでも知っているインコ学者。

オカメインコ・♂

温和でやさしい男の子。
とても、こわがり。

セキセイインコ・♀

飼い主さんLOVEな女の
子。おしゃべり好き。

ボタンインコ・♂

おっとりとした男の子。
好きな人へは情熱的。

コザクラインコ・♀

気が強い女の子。好きな
子には一途なツンデレ。

モモイロインコ・♂

やんちゃで、遊ぶのが好きな男の子。

ウロコインコ・♂

活発で甘えん坊な男の子。おちゃめな一面も。

CONTENTS

3章
キモチを伝えるしぐさ

4章
インコの不思議な行動

5章
体のヒミツ

6章
インコのトリビア

0
1
2
3

本書の使い方

本書は、読者にやさしい一問一答スタイル。
みなさんの疑問に対して、わたし(ヨウム先生)がお答えします。

飼い主さんへ
インコのみなさんは気にしなくてけっこうです(飼い主さん、ここをこっそり読んでくださいね!)。
インコの疑問
性格や習性など、日常でふと感じたさまざまな疑問を、ひとつずつとり上げます。
#(ハッシュタグ)
キーワードを記載しています。INDEX(188ページ~)での検索に役立ててください。
ヨウム先生の回答
みなさんの疑問に対して、ていねいに回答します。
高いところが大好き!
#気持ち #高い場所
高いところは心が落ち着く場所なのです
さらに詳しく説明!
Column
みなさんの疑問に関連する内容を、さらに深く掘り下げます。勉強熱心な方はぜひご一読を。
鳴き声を使い分けて気持ちを伝える!
振り返りテストもあります
インコ学テスト
前編では1~3章、後編では4~6章を振り返ります。満点目指してがんばりましょう!
インコ学テスト-前編-

1章 インコのキモチ

インコの心や行動は、本能や習性によるもの。
まずは、インコの性質を知りましょう。

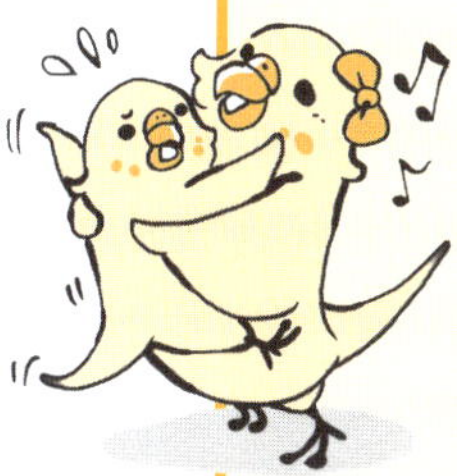

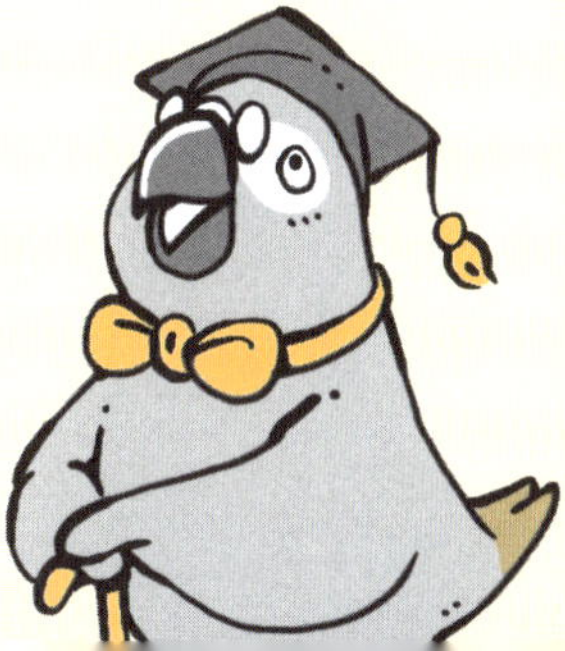

生き方のテーマは「愛」！

#気持ち　#愛

わたしたちの行動は愛があるからなのです！

わたしたちインコは、たったひとりをパートナーと決める一途な生きものです。えっ？　インコの世界ではふつうのことだって？　ほかの動物はそうではなく、子孫繁栄のため、繁殖のたびにパートナーを変えることが多いそう。しかし、わたしたちはひとりのパートナーを一生涯愛し続けます。たとえ、それが人間だとしても。きみは、どんなふうにパートナーへの愛を表現しますか？　歌やスキンシップ、ボディランゲージ。愛の表現方法はインコそれぞれなのです！

飼い主さんへ　わたしたちインコは、愛をさまざまな方法で表現します。鳥種や個体差はありますが、わたしたちの愛情表現をよく見ていてください。それが飼い主さんにとって困った行動だとしても、それは「ヤキモチ」といった愛情の裏返しかもしれません。

Column

一途な愛のヒミツ♥

わたしたちインコの愛のヒミツ。それは、「子育て」。子育てを通して、豊かな愛情が育まれるといわれているんです。

親子の愛

人間も子育てするって知っていましたか？　子どもを産む方法こそ違うものの、わたしたちも子どもの安全を守るために成長するまで見守りながら、大切に育てます！

オス・メス共同子育て

ほ乳類の多くはメスに子育てを任せっぱなしのようですが、鳥類は、抱卵（孵化するまで卵をあたためる行為）を行ったり、子どもにごはんをあげたりするのもオス・メス共同の作業。だから、オスもメスも子どもへの愛情が育まれやすいのです。

わたしたちの愛情の原点がわかりましたか？　この「家族の愛情」が、わたしたちと心を通わすキーワード。この愛さえ理解していれば、ふだんのインコの行動からなにを伝えようとしているかがわかるはずです！

ボスってなんなのさ？

#気持ち　#対等

横のつながりを大切にするわたしたちには関係ないことです

ボスというのは、イヌなどが形成する群れの中でトップとなる存在のこと。彼らは一番目にえらいもの、二番目にえらいもの……といったように序列をつけて、複雑な社会を築いているみたいです。なんだかめんどうですね。同じく群れを形成するわたしたちですが、ボスは存在しません。あくまでも基本はペア（夫婦）で暮らすこと。群れはペアの集まりに過ぎません。人間の家族が集合住宅で暮らすようなものですから、家族が最優先ですし、ボスも必要ないのです。

飼い主さんへ

「インコが言うことを聞いてくれない」と、モヤモヤしていませんか？　わたしたちには序列という考え方がないので、主従関係が存在しません。だから、飼い主さんに従う喜びはないのです。対等な関係でいるためにも、まずは信頼関係を築いてくださいね。

高いところが大好き！

＃気持ち　＃高い場所

高いところは心が落ち着く場所なのです

わたしたちの天敵は、ワシやタカなどの猛禽類。彼らは、上空から急降下して攻撃してきます。そんな敵から自分や家族を守るために、考えられた解決策が「できるだけ高い場所にいること」。自分がより高い場所にいれば、それだけ安心できますよね。その意識が根づいているから、わたしたちインコは「高い場所にいるほうがえらい」と思うのかもしれません。ちょっとちょっと、だからってわたしより高い位置に止まるのはやめてくださ〜い！

飼い主さんへ　わたしたちが暮らすケージを置く位置が高すぎればわがままに、低すぎればこわがりな性格になります。おたがいが快適に暮らすためにも、ケージの定位置は、人間の目線より少し低い位置がちょうどよいのだと思いますよ。

ここはぼくのなわばりだ！

＃気持ち　＃なわばり意識

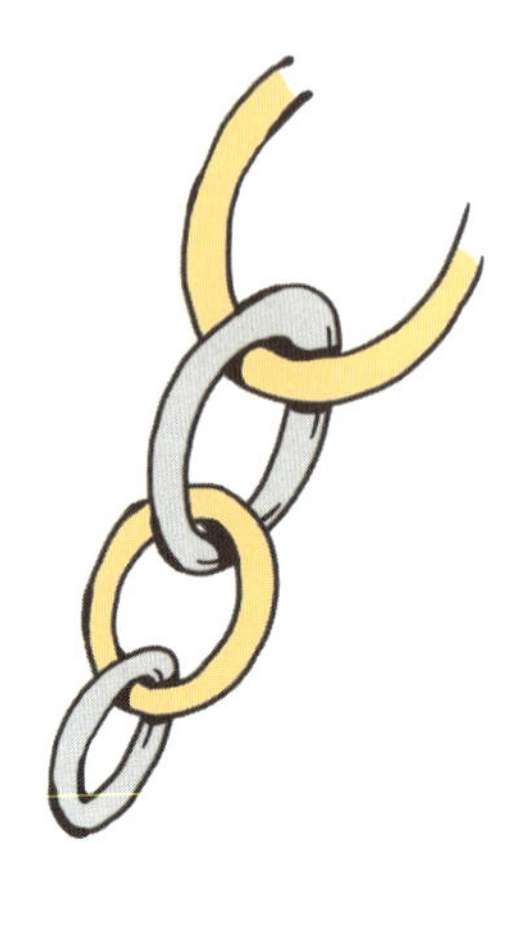

なわばり意識が強いのは愛するものを守るため

プライベートを邪魔しないで！　……少々トリ乱してしまいましたが、愛に生きるわたしたちは、愛するパートナーを守ろうとする意志がとても強い生きものです。なわばりを決め、さらに行動パターンを決めることで、安全かつ安心して暮らしています。なわばりは、いわば心が休まるプライベート空間なのです。そこに邪魔者がやってきたら、だれだって怒りますよね。もし、なわばりを侵害するような者がきたら、容赦なく攻撃しましょう。

飼い主さんへ　わたしたちは、つねに「自分のなわばりを快適にしよう」と、ウンチをケージの外に放り出すなどの工夫や改善をして、よりよい環境をつくろうと模索しています。こうした気持ちを知ることが、わたしたちと心を通わせるヒントかもしれませんね。

1羽だってさびしくないよ！

#気持ち　#パートナー

1羽で暮らしている子は、人間をパートナーに！

あなたのパートナーは、飼い主さんなのですね。わたしたちのパートナーは、必ずしもインコとは限りません。愛さえあれば人間をパートナーに選ぶこともありますから、1羽でも悲しいわけではないということ、ぜひ飼い主さんにお伝えしたいものです。ちなみに、人間がパートナーのインコは「新参インコと仲よくなれない」と悩みを抱えていることが多いようですが、新参インコは先住インコにとって「なわばりの侵入者」ですから悩ましい問題ですよね。

飼い主さんへ

「パートナーがいたほうがさびしくないかも！」と新たにインコを迎えようとしている飼い主さんはいませんか？　それがうまくいくとは限りません。先住インコが攻撃的になる可能性もあるので、よく考えてから新しいインコを迎えてくださいね。

いっしょが好きなの❤

#気持ち　#同じ行動をとる

好きな相手とは同じことをしたくなります

いっしょが好きという気持ちは「愛」だけでなく、「和」を大切にするわたしたちの本能です。というのも、野生のインコは、情報の収集や交換、警戒、反撃など敵から身を守るためにたくさんの仲間と暮らし、仲間と同じ行動をとることで身を守るとともに、安心感を得ます。その習性から人間と暮らすインコも、飼い主さんが食事をしていたら自分も食べるといったように、好きな人と同じ行動をとって安心するのです。飼い主さんの言葉をまねしたい気持ちも、同じ理由からです。

飼い主さんへ　ごはんを食べないという子がいたら、飼い主さんが目の前でごはんを食べて見せましょう。飼い主さんの行動をまねして、少しずつごはんを食べるかもしれません。ただし、食欲がないのは病気が原因かもしれないので、病院には連れて行ってくださいね。

空気が読める……？

#気持ち　#空気を読む

相手の感情に共感します

飼い主さんが喜んでいればいっしょに喜びのダンスをしたり、落ちこんでいれば寄り添ったり、そんな経験がきみにもありますよね？　それが人間でいう〝空気が読める〟ということ。もともと群れで生活するわたしたちは、相手の感情を読みとってそれに合わせた行動をとる、コミュニケーション能力バツグンの生きものなのです！　これも相手への「愛」があるからこその行動ですから、飼い主さんのようすをじっくり観察してみてくださいね。

飼い主さんへ　人間は「もらいあくび」をするようですが、実はセキセイインコももらいあくびをします。人間も研究によって、このことに気づいたようですね。このもらいあくびも、共感して同じ行動をとるインコだから行うのかもしれません。

お話できるよ！

#気持ち　#会話　#ものまね

鳴き声は気持ちを共有するコミュニケーションツールです

仲間やパートナーと情報交換したり、感情を共有したりするときに、わたしたちは声に出して伝えます。声や言葉でコミュニケーションをとれるのは鳥類を含め、人間やイルカなど限られた生きものだけのようです。飼い主さんは人間なのに言葉が通じないって？あなたの飼い主さんは、インコ界のことを勉強中かもしれませんね。さまざまな場面でパートナーに話しかけて、気持ちを共有してください。言葉が通じない飼い主さんには、ボディランゲージも有効ですよ！

飼い主さんへ　知能が高い大型のインコは、飼い主さんと会話のキャッチボールが続くことも。飼い主さんの言葉の意味を完全に理解できているとは言い切れませんが、飼い主さんと状況・感情を言葉で共有したことで、適切な返しができるのかもしれません。

Column

鳴き声を使い分けて気持ちを伝える！

わたしたちの鳴き声には、大きく分けて3つの意味があります。それぞれの意味を理解し、鳴き声を使い分けて飼い主さんと気持ちを共有しましょう！ 詳しくは2章（31ページ～）で紹介します。

地鳴き

仲間の存在を確認したり、おなかがすいてごはんをおねだりしたりするときの鳴き方です。単音で軽く鳴きます。

さえずり

求愛したり、なわばりをアピールしたりするときの鳴き方。歌を歌うように鳴きましょう。人間の言葉のものまねも、さえずりの一種です。

警戒鳴き

相手を威かくしたり、不快感を表したりするときの鳴き方です。仲間がいやなことをされているときに、怒りをアピールするのにも有効です。

ぼくは、先生に教えてもらった3つの鳴き方をとっくにマスターしているよ！ とくに人間の言葉をものまねすることが得意なんだ！ でも、なかにはものまねが得意じゃない子もいるから、そんな子だったら、気長に待っててね。

はじめて見るものに興味津々！

#気持ち　#好奇心

インコは、新しい刺激を求める勉強家です

はじめて見るものは「こわいけれど、正体を知りたい」という好奇心でウズウズしちゃいますよね。インコは気になるものをよく観察したり、かじったりと情報収集に余念がありません。これは、知能が高いからこその行動なんですよ。頭がよいからこそ、ごはんを探すフォージングなどのむずかしい遊びも大好き。失敗してもあきらめない心も、もちあわせています。あなたも興味のあるものには、どんどんチャレンジしてみてくださいね。

飼い主さんへ 好奇心の強いわたしたちですが、ふだんは決まった場所で、決まった行動をとることで、平穏を保っています。だから、急激な環境変化はNG。新しいおもちゃをケージに入れるなら、まずは外に置いて観察させてもらえると、わたしたちも安心します。

あなた、だれだっけ……？

＃気持ち　＃見分けがつく

記憶を頼りにだれだか思い出しましょう

目の前にいる人間。見覚えありませんか？　わたしたちは、視覚や聴覚によって特徴をつかんで記憶しています。頭の中にある記憶の引き出しを探れば、体形や髪型、着ている洋服などからだれかわかるはずです。どうですか？　アハハ、飼い主さんでしたか。人間も同じように特徴から人を判別できるようですが、わたしたちは、音質や音の高さを記憶する能力が優れています。声さえ聞くことができれば、その声の主がだれだか聞き分けがつくのです！

飼い主さんへ

わたしたちの記憶力は、飼い主さんが思っていたよりもすごくありませんか？　姿、形のほかにも話す言葉やイントネーションなどの違いもきちんと記憶しているので、飼い主さんかどうか見分けることなんて朝メシ前ですよ！

あなたなんてきらいっ!!

＃気持ち　＃好ききらい

いくら好きな人でもいやなことはいやなのです！

昨日まで大好きだった相手を突然きらいになってしまうことは、不自然なことではないのですよ。わたしたちは「好き」だけでなく、「きらい」という気持ちももっています。ちょっとしたことでも心に傷を負ってしまうほど、デリケートな生きものです。いくら好きな人だからといっても、いやなものはいや！　無理にすり寄る必要はありませんから、いやなことをされたら距離をとることをおすすめします。声の大きい人やガサツな人など、苦手な人への対処法も同様です。

飼い主さんへ

わたしたちは、理由もなしに飼い主さんをきらいになりません。たとえば「無視をした」「かまってくれない」など、自分をないがしろにされて不満がたまってきらいになることもあります。反抗期や発情期を迎えて攻撃的になることもありますよ。

Column

緊急アンケート

あなたの順位づけ教えてください！

いっしょに暮らしている仲間の中でも、はっきりと愛情の順位をつけているわたしたち。あなたがどんな順位づけをしているか教えてください。

オカメインコくんの順位づけ

1位 **パパ**
遊んでくれるし、ほどよい距離感。大好き♥

2位 **ママ**
ごはんもくれるし、遊んでくれるから好き！

3位 **お姉ちゃん**
たくさんお世話してくれるけど、たまにしつこいから、まあまあ好きかな。

4位 **弟くん**
たまにいじわるする！ あんまり好きじゃない……。

なんでパパが一番かって？ ……実は、なんとなくなんだ（笑）。パパが好きなインコって意外と多いみたい。インコの世話をがんばりすぎているお姉ちゃんより、なにもしないでどっしりと座っているパパに安心するからっていう子もいるみたいだよ。ぼくたちの好ききらいの理由は、そのインコにしかわからないんだよね。

一途すぎて

ぼくと
付き合ってよ〜
わたしの彼氏は
飼い主ただ1人よ！

飛び交う
恋の火花
バチ
バチ

次回！ 最終回！
どうなる恋の行方

どうせ飼い主とくっつく
いつもの展開ね
インコは一途だからね〜
ハイハイ
最終回
ボリ
ボリ

だ〜れだ

だーれだ！

その声は
セキセイインコちゃん
だね！

ざんねーん！
セキセイちゃんの
マネをする
シロハラちゃんでした！

はじめまして
は・・・
はじめまして

2章 インコミュニケーション

飼い主さんや仲間のインコに対して、どのように
コミュニケーションをとればよいか解説します。

飼い主さんに「大好き」を伝えたい！

「ピュロロ」と鳴いてラブコールしましょう！

大好きな気持ちを隠していても、飼い主さんには伝わりませんよ〜。愛を伝えたいときは、「ピュロロ」と鳴いてラブコールを送りましょう。きみの美しいその声に、飼い主さんもメロメロになるはずです。このテクニックは飼い主さんに対してだけでなく、大好きな相手であればインコどうしでも有効ですよ。まあ、そのラブコールを送る相手は生涯でたったひとりなんですけどね。ちなみに、この鳴き方はなわばりを宣言するときにも使えますよ。

飼い主さんへ　ラブコールは、いわゆる「さえずり」の一種です。いっしょに暮らしているインコがラブコールを送ってきたときは、ぜひ飼い主さんからも「わたしも大好きだよ」とラブコールを返してください。大好きなあなたからの愛が、わたしたちの幸せですから！

おもしろいもの見つけたよ！

#鳴き声　#チッチッ

見つけた喜びがつい声に出てしまいます

おや？　どこからか「チッチッ」という声が……。ボタンインコさんが、なにかおもしろいものを見つけたようですね。好奇心旺盛なわたしたちは、つねにおもしろいものを探しています。探し求めていたおもしろいものが見つかると、つい興奮して「やったー！」という喜びの声がこぼれます。それが「チッチッ」なのです。出そうと思って出しているわけじゃないんですよね。あ、あんなところに虫が……興味深い！チッチッチッ！

飼い主さんへ　これは「地鳴き」の一種だそうです。わたしたちインコは、エキサイティングな日々を求めています。退屈しないように、複数のおもちゃを用意して週ごとに交換してくれたら、好奇心が刺激されて「チッチッ」がこぼれてしまいます。

楽しいなあ♥

#鳴き声　#クククッ

幸せが「クククッ」ともれ出ちゃいます

大好きなおもちゃで遊んでいると、無意識に出る「クククッ」。あなたは気づいていますか？　思い返してみてください。あなたが楽しいと感じているときに声が出ているはずです。ほかにも、家族がケージの外で楽しそうにしていたら、こちらも楽しい気持ちになりますよね。そんなとき、「わたしも楽しいよ！」と鳴いてみるとよいかもしれません。飼い主さんも、あなたが楽しそうにしているようすを感じて、さらに幸せな気分になるかもしれません。

飼い主さんへ　人間が楽しいときに「うふふ」と声を出すように、わたしたちも「クククッ」とつぶやいてしまいます。これは「地鳴き」の一種。こんなふうにインコが鳴いたときは「楽しいね！」と声をかけてくださいね。幸せを共有しましょう！

なわばりに入ってくるな！

#鳴き声　#ケッケッケッ

威かくをするときは「ケッケッケッ」が有効です

あなたのなわばりに不審者が入ってきたようですね。なわばり内にいるときは、強気なわたしたちですから思いきって「やるのか、コラ!?」と威かくしましょう。威かくの声は「ケッケッケッ」です。感情の高まりに合わせて大きい声で鳴くと効果的ですよ。おや、どうやら不審者の正体は、飼い主さんの手だったようですね。しかし、いくら飼い主さんでも、あなたのなわばりに侵入したことには変わりありませんから、大きな声で威かくしてやりましょう！

飼い主さんへ　威かくの声は、「警戒鳴き」の一種です。なわばり意識が強いわたしたちは、侵入者に対して敏感です。後先を考えない性格のインコも多く、自分よりサイズが大きいインコに対してもおかまいなしに威かくすることもあります。

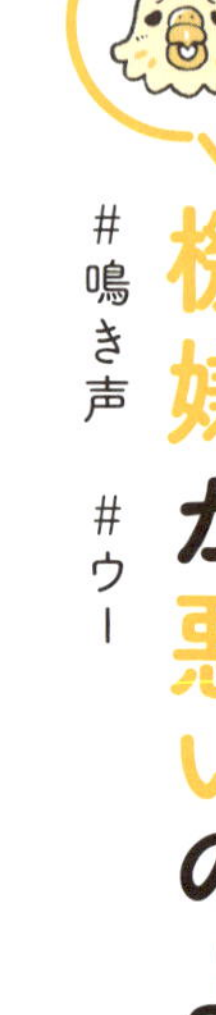

機嫌が悪いのよね……！

＃鳴き声　＃ウー

「ウー」で相手に不機嫌アピールを

理由はわからないのに、イライラするときってありますよね。機嫌が悪いときは、大好きな飼い主さんだとしても近づかれたら、攻撃してしまうかもしれません。それでは「ウー」とうなってみましょう。これは「近づかないでよね」という警告です。なかには、「どうしたの!?」とかまってくる飼い主さんもいるみたいですが、こんなときはそっとしておいてほしいものです。ちなみに、イヌも同じように怒ったときはうなるんですって。

飼い主さんへ　うなるような鳴き声は、「警戒鳴き」の一種。うなると心配する飼い主さんも多いと思いますが、こんなときはそっとしておいてください。長引く場合は体調不良の可能性があるので、異変を感じたら病院へ連れて行ってくださいね。

いやだということを伝えたい！

＃鳴き声　＃ギャッ

「ギャッ」と鳴いて不快感をアピールしましょう

そこのあなた、今まで我慢していたのですか？　夢中になっていた遊びを邪魔されたり、痛いことをされたりするなど、人間といっしょに暮らすうえでは不満が生まれることだってあります。いやだという気持ちを伝えるときは、「ギャッ」と短く鳴きましょう。いつもより強い鳴き方なので、右ページの「ウー」より強い不満を表すことができます。仲のよい相手と快適に暮らすコツは、いやなことはいやとはっきり言える関係になることではないでしょうか。

飼い主さんへ　不満を訴えるこの鳴き声は、「警戒鳴き」の一種です。わたしたちがこのように鳴いたら、不満を強く訴えています。そんなときは、インコの好きな遊びをしたり、そばで静かに過ごしたりして関係修復に努めてください。

爪切り大きらい！ もうやめて！

#鳴き声　#ギャー

MAXの怒りは「ギャー」と激しく訴えます

今のあなたの怒りレベルはどれくらいでしょうか？爆発しそうなくらい強い怒りであれば、37ページより強く訴える「ギャー」を使いましょう！「ギャーギャー」と大きい声で鳴けば、きっと飼い主さんもやめてくれるはずです。体をムギュッとつかまれて足の爪を切るなんて行為、やめてほしいですよね。実は先生も苦手です。この鳴き方は自分がいやなことをされたときだけでなく、仲間がいやなことをされているときに「やめてあげてよ！」と訴える場合にも使えます。

飼い主さんへ　これは「警戒鳴き」です。本気で怒っていますから、飼い主さんにも察してほしいものです。もしインコがここまで怒ったなら、怒りの原因をとりのぞき、そばで静かに過ごしましょう。ちなみに、爪切りはじょうずなお医者さんにやってもらってくださいね。

うわっ！ビックリした……

#鳴き声　#ピッ

「ピッ」と鳴いて不安やおびえを表しましょう

「ピッ」にはいくつか意味があるのですが、あなたの場合は、なにかこわいことがあったようですね。わたしたちインコは、不安なときやおびえたときに短く鳴いたりします。不安やおびえが強いときは、声も弱々しくなってしまいます。一方で、オカメインコなど冠羽（オウム科特有の頭頂部にある羽毛）をもつインコは、冠羽を立たせて「ピッ」と鳴くことがあります。これはワクワクしているときに「おもしろそう！」と、声がもれ出てしまうからです（132ページ）。

飼い主さんへ　電気を消したりものが落ちたりしたときに、インコがおびえて出す声が「ピッ」です。これは「警戒鳴き」の一種。この状態が続くと、ストレスがかかりすぎてわたしたちは心身を病んでしまいます。できるだけ早く原因をとりのぞいてくださいね。

ひとりにしないでよー！

＃鳴き声　＃ピーピー

「ピーピー」と鳴いて飼い主さんを呼びましょう

ケージに入っているとき、飼い主さんの姿が見えていれば安心して過ごせるのですが、ふと飼い主さんの姿が見えなくなることがあります。家の中にはいるはずなのですが……。そんなときは、大きな声で「ピーピー！」と呼びましょう。ほら、戻ってきました。人間も頭がよい生きものですから、この鳴き方が戻ってきてほしい合図だと覚えてくれたはずです。飼い主さんが家の外へ出て行ったら呼んでも意味がないので、いったんやめて、帰ってきたらまた呼びましょう。

飼い主さんへ

「呼び鳴き」とよばれるこの鳴き方は、「さえずり」の一種です。呼ぶ声がとても大きいので、近所迷惑といわれることもあります。飼い主さんにとって困った行動であるなら、わたしたちが呼ばなくてもよい環境をつくってほしいものです。

Column

呼び鳴きストレス改善テクニック

さびしいと、つい大きな声で飼い主さんを呼んでしまう「呼び鳴き」。右ページで紹介しましたが、度がすぎるとストレスに。ここでは、呼び鳴きのストレスを改善する方法を紹介します！

ギャップを利用する

呼び鳴きをして大騒ぎをすれば、飼い主さんが戻ってきてくれると考えているあなた。呼び鳴きが日常化すれば、飼い主さんもその状況に慣れてしまいます。静かにしていれば、「どうしたの？」と案外かまってくれるかもしれませんよ。

熱中できるおもちゃを見つける

かまってほしいときに飼い主さんを呼ぶことが多いタイプのあなたは、人と遊ぶことのほかに熱中できることを見つけましょう。たとえば、おもちゃ。難易度が高いほど好奇心がそそられますから、高度なおもちゃがおすすめです。

上で紹介したテクニックは、飼い主さんの協力も必要よ。わたしたちが退屈しないようにおもちゃを用意したり、「大騒ぎする＝かまってくれる」と勘違いさせないためにインコが静かなときに声をかけたりしてくれたら、過剰な呼び鳴きは控えられるはずよ。別の部屋に移動するなら、「お掃除ソング」などを歌ってなにをしているかわかるようにしてくれたら、わたしたちも安心できるわ。

名前を呼ばれたら、どうしたらいいの？

＃鳴き声　＃返事

元気な声で返事をしましょう！

飼い主さんに名前を呼ばれたら、「ピュイッ」と大きな声で返事をすると、飼い主さんは大喜びです。わたしたちも名前を呼ばれたあとに、なにか楽しいことがあるんじゃないかって期待をしています。しかし、あなたの飼い主さんは名前を呼ぶばかりでなにもしてくれないようですね……。なにもないのに、しつこく名前を呼ばれたら、だれだって怒ります。飼い主さんがしつこく名前を呼ぶようなら、36ページの「ウー」などを使って不機嫌アピールをしましょう。

飼い主さんへ　返事は「さえずり」の一種です。わたしたちの中には、自分の名前を覚えるインコもいます。わたしたちが返事をするのがうれしいからといって、用もないのに何回も名前を呼ぶのは、飼い主さんにイライラする原因になるので、やめてくださいね～。

言葉の練習をしたい!

#鳴き声 #つぶやく

くり返しつぶやいて合っているか確認を

人間の言葉を練習するときは、つぶやきテクニックを利用しましょう。飼い主さんが話した言葉と、自分が発した言葉が合っているかどうかをつぶやいて確認するのです。おしゃべりが得意なセキセイインコや大型インコは、くり返しつぶやき練習をしているみたいですよ。また、わたしたちはリラックスしているときに、ついついひとり言を言ってしまいます。ブツブツとつぶやいている姿は、ちょっと変でしょうか。でも、気分がよいと止められないのです!

飼い主さんへ わたしたちは、飼い主さんの言葉をよく聞き、記憶して、それを思い出しながら言葉を発する練習をします。つぶやくことが多いインコは、習得する言葉の数も多くなりますから、おしゃべりが得意になる子も多いですよ。

なんだか歌いたい気分♪

#鳴き声　#歌を歌う

ごきげんなときは歌いたくなりますよね

なにかよいことがあったみたいですね。ごきげんなときは、歌いたい気分になりますよね。人間も機嫌がよいときに、鼻歌とよばれるものを歌うらしいのですが、それと似ていますよね。また、歌はものまねの練習にも適しています。43ページのつぶやきテクニックと同様に、声に出して聞いた音と合っているか確認しましょう。もしかしたら、言葉より歌で覚えるほうが覚えやすいかもしれませんね。途中でわからなくなったら、自分で作曲してごまかしちゃいましょう！

飼い主さんへ　歌うような鳴き方は「さえずり」の一種です。歌でものまねの練習をしているときは、途中でほめるのはNG！　そこで甘やかしたら、上達できません。正確にものまねができたときに、ほめてもらえたほうがよいのです。

あの子、寝ながらお話してる？

夢を見ているときに寝言を言っています

夜になると、隣のケージから聞こえてくる声が気になりますか？　あれは寝言です。ちょっとなにを言っているかは聞きとれませんが、なにか夢を見ているのでしょう。わたしたちインコを含む鳥類は、捕食される危険性があることから、浅い睡眠をとっています。夢はその間に見ているのです。わたしたちのほかに、人間などのほ乳類や、は虫類も夢を見るといわれています。あっ、寝ていた隣の子が体をブルブルッと震わせました。どうやら起きたようですね。

飼い主さんへ　寝ながら話している寝言のようなつぶやきは、「地鳴き」の一種です。わたしたちは熟睡することが少なく、浅い眠りをくり返しながら夢を見ているのです。夜中にケージから声が聞こえたら、インコがどんな夢を見ているか想像してみましょう。

チャイムのまね、おもしろい！

#鳴き声　#チャイムの音　#ものまね

生活音のまねは家族が反応してくれます

きみのものまねで、飼い主さんがバタバタとどこかへ行ってしまいましたよ。……不思議な顔をして戻ってきましたね。さあ、もう1回。あなたのものまねと気づいたようです。飼い主さんの反応がおもしろいですね！　きみがまねをしたのは、お客さんが来たときに鳴るチャイムです。ほかにもまねしやすいのが洗濯機の「ピーピー」、電子レンジの「チン！」。なかには、飼い主さんがそばを食べているときの「ズズーッ」という音をまねする芸達者なインコもいるみたいですよ。

飼い主さんへ　生活音のまねも「さえずり」の一種と考えられています。飼い主さんが反応してくれると、インコはとても楽しい気分になるので、積極的に生活音をまねするのです。まねしたあとは、ひと声かけてもらったら、さらにテンションがアップしますよ！

なでてほしいなあ

#対人間　#頭を下げる

頭を下げてカキカキをおねだりしましょう

羽づくろいは、わたしたちインコの世界では常識的ともいえる親愛のスキンシップ。大好きな相手にはカキカキしてもらいたいし、カキカキしてあげたいのです！　あなたが飼い主さんの近くに行って頭を下げてみましょう。頭をカキカキされるのって、とっても気持ちがいいんですよね〜。たくさんカキカキしてもらったら、お返しに飼い主さんにも羽づくろいをしてあげてくださいね（51ページ）。

飼い主さんへ　人間が行う「おじぎ」に似ていますが、あいさつではありません。インコが頭を下げたときは甘えているときなので、声をかけながらなでてくださいね。無視されるとさびしくなります。少しの時間でもいいですから、かまってくれたらうれしいのです！

結婚してほしい！

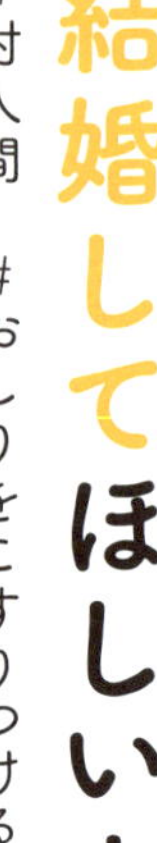

＃対人間　＃おしりをこすりつける　＃尾羽を上げる

オスならおしりをこすりつけて熱烈アピールを！

飼い主さんの手におしりをこすりつけるとは……なんて積極的で男らしいインコなんでしょう！　オスのみなさんは彼をお手本に、「お嫁さんになってよ！」と熱烈なアピールをするときは、実際に交尾をしようという姿勢でおしりをこすりつけましょう。メスのみなさんも同じく、交尾をするときのように尾羽を上げて「あなたの子どもがほしい♥」とセクシーに誘いましょう。こんなに積極的にアピールされたら、飼い主さんもメロメロになるはずです。

飼い主さんへ

オス・メスどちらのお誘いも、飼い主さんが愛されているからこその行動ですが、不要な発情はわたしたちの体に負担がかかります。インコは本能に従って行動するので、発情をコントロールできません。発情モードに入ったら、スキンシップは控えめに。

Column

メスの「繁殖周期」を知る

発情は、本能によるもの。繁殖周期を知って、発情のサイクルを理解しましょう！

1年に1～2回の産卵なら、問題ありませんよ！

発情期

発情し、求愛したり巣作りをしたりして、交尾を行います。

産卵期

卵を産む準備ができました！ 産む卵の数は鳥種によって異なりますが、セキセイインコの場合は1～6個ほど。1度に産卵するわけではなく、1～2日おきに1個ずつ産卵するため、1週間ほどかかることもあります。

抱卵期

産んだ卵をあたためます。ママはとてもデリケートな時期です。

育雛（いくすう）期

孵化したヒナを育てます。ヒナが巣立つまで子育てをがんばります！

非発情期

ヒナが巣立つと、生殖器の活動がおさまります。

置いていかないで〜！

＃対人間　＃追いかけてくる

飼い主さんのあとを追いかけましょう

いつでもどこでも飼い主さんといっしょにいたい、というあなた。ケージの外に出たときは、飼い主さんとのスキンシップのチャンスです！　しかし、ふと気づくと飼い主さんがいなくなってしまうことってありますよね。大好きな飼い主さんと離れたくない。というか、本来群れで暮らすインコにとって、単独行動は危険ですから、飼い主さんがどこかへ行こうとしていたら、歩いてあとをつけてみましょう。ほら、飼い主さんがまた移動しましたよ！

飼い主さんへ　わたしたちがあとをついてきているときは、後ろにいることを把握しながら動いてくれますか？　飼い主さんに踏まれたり、ドアに挟まれたりする事故もあるので、注意して行動してもらえると事故を防げます。

飼い主さんに羽づくろいしたい！

＃対人間　＃髪をくわえる

人間の髪の毛を羽づくろいしましょう！

わたしたちインコは、羽づくろいによって愛を深めます。インコどうしならおたがいをカキカキし合えますし、47ページで飼い主さんからカキカキしてもらう方法は解説しました。では、人間へ愛を伝える羽づくろいをするにはどうすればよいでしょうか？　人間の頭には髪の毛が生えています。その髪の毛にもぐりこんだりくわえたりして、愛を込めながら羽づくろいをしてあげましょう。あなたの愛に、飼い主さんもきっと喜んでくれるはずです。

飼い主さんへ　飼い主さんへの羽づくろいには、仲よくしたいというインコの愛が込められていますが、なかには髪の毛を「巣」（95ページ）と勘違いするインコもいます。発情しそうになったら、髪の毛から離してほかに気が向くようにするとよいでしょう。

外に出たんだから遊んでよ！

＃対人間　＃洋服を引っ張る

洋服を引っ張って物理的にアピールを！

せっかく外へ出たのに、遊んでくれないなんてとんでもありません！　「遊んでほしい」というアピールはいろいろとありますが、ここでは飼い主さんへ物理的に訴えるテクニックを伝授します。飼い主さんを含む人間は、洋服とよばれる布を着ているのですが、それをくちばしでくわえてグイグイと引っ張りましょう。これで、飼い主さんはあなたに注目すること間違いなし！　引っ張りやすい場所は、首もとや手の近く。くちばしを引っかけやすいところがよいですね。

飼い主さんへ　せっかくインコと飼い主さんが遊ぶチャンスなのに、ほうっておくなんてやめてください。コミュニケーションを大切にするわたしたちですから、いっしょに遊びたいのです。インコに洋服をグイグイされる前に、かまってくださいね。

もっとお話して〜

#対人間　#口に近づく

おしゃべりのリクエストは飼い主さんの口もとで

飼い主さんにお話してほしいときは、口に近づきましょう！　人間は口から声を発しますから、近くに寄ればよく聞こえるはずですよ。今日はいったい、なにを話してくれるのでしょうか？　あなたのリクエストで飼い主さんがおしゃべりをしてくれたら、いっしょにお話してもよいかもしれません。一方で、飼い主さんがなにを食べているか気になることはありませんか？　飼い主さんの口がモグモグと動いていたら、口に近づいてのぞき込んでみましょう。

飼い主さんへ　いろんなお話をしてくれるのもうれしいですが、「○○ちゃんかわいいね」「○○ちゃんはお話がじょうずだね」など、わたしたちのことを話題にしてくれたら、さらにうれしくなっていっしょにお話することもありますよ。

あっちに行け！

#対人間　#かみつく

腹が立ったら ガブリとかみつきます

飼い主さんに気に入らないことをされたら、ガブリとかんでやりましょう！　人間には物理攻撃がよく効くみたいです。かんだあとにくちばしをひねったりしたら、効果は倍増です。人間ってかむと、大きく反応をしてくれますよね。それがちょっとおもしろかったりして（笑）。ただし、飼い主さんからフッと息を吹きかけられたら、すぐにやめてください！　わたしたちが怒りMAXのときに、「フーッ」と息を吹くのと同じように、飼い主さんもとても怒っていますから……。

飼い主さんへ　かまれたくないのなら、「わたしたちにきらわれるようなことをしない」「大きく反応しない」ことが大切です。かんだときに飼い主さんが大きく反応すると、ウケをねらって何度もかむようになるので、やめてほしいなら無反応でお願いします！

Column

かみつき対応チェックリスト

かんだときに、飼い主さんはどんな反応を見せるでしょうか? 対応次第では、飼い主さんが怒っている可能性もあるので、やめたほうがよいでしょう。

- □ **大きな声を出す**
  大きくリアクションしてくれました。飼い主さんも喜んでいるようすですね。どんどんかんじゃいましょう！
- □ **息を吹きかけられる**
  飼い主さんが息を吹きかけたときは、怒っている証拠です……。おとなしく、かむのをやめてください。
- □ **ジッと見つめる**
  かんだら、たくさん見つめてくれるようになりましたね。飼い主さんがあなたのことを好きだからですよ♥
- □ **手から下ろされる**
  もしかして、下りたり上ったりする遊びですか？ 手に上ってからかんで合図をすれば、遊んでくれるということですね！
- □ **かまれた手を動かす**
  かんだごほうびに、遊んでくれるみたいです。これからは遊んでほしいときに、かんだらよいですね！
- □ **無視する**
  かんでも反応してくれないなんて、つまらないですね。ほかのことで飼い主さんの気をひきましょう。

かみグセがついたインコは、「かんだら飼い主さんがかまってくれる、遊んでくれる」という心理状態です。怒ったとしても、そのリアクションをごほうびと考えます。インコがかむことに困っている飼い主さんは、かまれてもノーリアクションを貫いてください。反応がなければ、かんでもつまらないということを理解するでしょう。

あなたは好ききみはきらい！

#対人間　#ひいきする　#オンリーワン

飼い主さん愛が強くてひいきしてしまうのです！

あなたは「オンリーワン」の傾向にあるようですね。パートナーである飼い主さんへの愛が強いあまりに、ほかの家族に対しては攻撃的になっているようです。ヤキモチを焼く気持ちもわかります。しかし、その状況が続くと心配です。わたしが知っている中でも、特定の人間からしかごはんを食べないインコが、飼い主さんが長期間不在のときにごはんを食べられなくなったという例があります。家族みんなと仲よくしたほうが、快適なインコライフが送れますよ。

飼い主さんへ　インコが「オンリーワン」の状態だと、トラブルが起きる可能性が高くなります。インコが特定の人以外にも心を許すことができるように、オンリーワンの対象になった人が間に立って、両者のコミュニケーションがとれる工夫をしましょう。

Column

インコ的コミュニケーション術

大好きな人間以外とうまくいかなかったインコたちが、どのようにコミュニケーションをとれるようになったかを語ってもらいました。ここからコミュニケーションのヒントをつかんでください！

大好きな人以外からのおやつがぼくを変えました！

ぼくは、ママ・パパと3人家族。ママが大好きすぎて、パパにさわられるのがいやだったから近づくたびにかみついたんだ。ある日のおやつタイム、いつもはママがおやつをくれるんだけれど、その日はパパがくれることに。「あれ、パパもうれしいことしてくれるんだ」って思ったら、少しずつ距離が縮まったんだ！

いろいろな人に会ったことでコミュニケーション力アップ

わたしは、飼い主さんとふたりで暮らしているの。だから、飼い主さん以外の人間とコミュニケーションをとることがこわかったわ。でも、飼い主さんは「自分が長期間きみのお世話をできないと困るから」って、おうちにいろいろな人を呼んだの。時間をかけて飼い主さん以外の人間とスキンシップをとったら、わたしも飼い主さん以外の人間と仲よくなることができたわ。

どうしたの？

＃対人間　＃なぐさめてくれる

いつもとようすが違うときは近くに寄って観察を！

いっしょに楽しい時間を過ごしてくれる飼い主さん。どうやら今日は、いつもと違うようすです。気になったのなら近くに寄って、ようすをうかがってみましょう。楽しそうにはしていないようですね。「なぐさめてくれるの？」なんて飼い主さんが言っていますが……わたしたちにはその意味がわかりません。もう一度、飼い主さんをよく見てください。なんだか、うれしそうにしていませんか？　今後もようすが違うことがあったなら、近くでまた観察しましょうね。

飼い主さんへ　落ち込む飼い主さんをなぐさめようとは思っていないのですが、ようすが違う飼い主さんが気になります。飼い主さんはなぐさめてくれたと思うでしょうから、その喜びを伝えてくれれば、わたしたちもうれしくなってまた同じことをしますよ！

飼い主さんを見つめちゃう

#対人間　#見つめる

アイコンタクトは信頼と愛情の証しです

わたしたちインコは、鳴き声やしぐさだけでなく、目で話す＝アイコンタクトで気持ちを相手に伝えることができます。飼い主さんを見つめるという動作は、あなたが飼い主さんを信頼しているという気持ちによるものなのです。あなたが見つめたあとに、飼い主さんがやさしく見つめ返してくれたら、あなたを信頼しているということです。なお、人間に慣れていないインコにはおすすめできません。不慣れなインコには、人間の大きな目も恐怖の対象ですからね。

飼い主さんへ　飼い主さんを見つめていたら、信頼をしている証拠ですが、瞳孔を開いてジッとどこかを見ているようであれば、こわくて動けなくなっているのかもしれません（114ページ）。早めに、こわさの原因をとりのぞきましょう。

カキカキしてあげる!

#対インコ　#羽づくろい

スキンシップで親愛を深めましょう

親愛の気持ちを確かめるには、スキンシップが一番です! では、どのようにスキンシップをとればよいでしょうか。答えは簡単。「羽づくろい」です。まずは相手をカキカキして、そのあとは自分をカキカキしてもらう。おたがいを羽づくろいし合って愛を確かめましょう。くちばしが届かない首から上をカキカキしてほしいときは、飼い主さんへのおねだりと同じように頭を下げるとよいですよ。さあ、大好きな生徒のみなさん、わたしにもカキカキをお願いします♥

飼い主さんへ　うちのインコたちはペアでいるのに、各自で羽づくろいしているから仲が悪いんじゃないかって? いえいえ、そんなことはありません。同じタイミングで羽づくろいすることは、おたがいを仲間と思っている証拠ですから、安心してくださいね。

Column

先住インコがいる暮らし

人間といっしょに暮らすことになったけれど、実は先に住んでいるインコがいたというケースもあるはず。あとでいやな思いをしないために、先住インコがいる暮らしを事前に理解しておきましょう。

飼い主さんは先住インコ優先

先住インコは、あなたたちに対してヤキモチを焼く可能性もあります。それを防ぐために、飼い主さんは先住インコを優先するということを理解しましょう。

相性によって同居か別居に

同種のインコで相性がよい場合は、ひとつのケージで暮らすことも。異種のインコや相性が悪い場合は、流血するほどのケンカになることもあるので、別居になります。

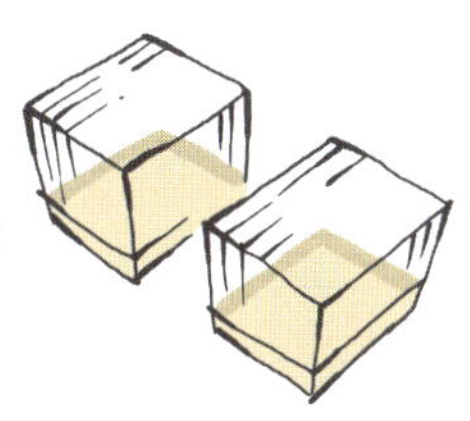

時期によってはケンカが起きます

ふだんは仲よくしていても、発情期などが原因でどちらかが攻撃的になり、ケンカに発展することもあります。

「ラブバード」とよばれる、ぼくたちボタンインコやコザクラインコは、ペアの結束が強いんだ。だから複数で暮らすことに向いているよ。だけど、インコどうしがペアになると、飼い主さんには見向きもしなくなるし、飼い主さんがパートナーの場合は新しい子を攻撃するようになるから、性格や状況を見てから、新しい子をお迎えしてね〜。

2羽でおしゃべり楽しいね♥

＃対インコ　＃おしゃべり

仲よしインコはおしゃべりで情報共有します

どこからか、楽しそうな話し声が聞こえてきますね。おや、セキセイインコさんたちでしたか。声やしぐさで、情報交換するようすは、人間でいう「井戸端会議」なのかもしれません。あなたたちのように相性がよいインコは、会話が弾むことはもちろんですが、ひとつの歌を分担して歌ったり、歌を歌うインコと合いの手を入れるインコに分かれて歌ったりできるようですから、ぜひ機会があればコンビネーション抜群の歌を聞かせてほしいものです。

飼い主さんへ　インコどうしで会話をしているのは、仲がよいから。仲がよいほど会話が増えます。ペアのインコと暮らしているならば、「飼い主さん、最近遊んでくれないね」「どうしちゃったのかしら」なんて会話をしているかもしれません。

口から口へごはんのプレゼント♥

#対インコ　#吐き戻し

「吐き戻し」で心をバッチリつかみましょう！

インコ界最上級のプロポーズといえば、「ごはんのプレゼント」でしょう！　え、プレゼントなんてナンセンスですって？　いやいや、なにを言っているんですか。ただ渡すのではなく、愛を込めた口移しでプレゼントするのです。スムーズに渡すコツは、顔を縦に振ってから相手にさし出すこと。相手が受けとってくれれば、見事プロポーズ成功です！　なかには、鏡の中の自分に向かってプロポーズするナルシストなインコもいるみたいですよ。

飼い主さんへ　発情期になると、この「吐き戻し」とよばれる求愛給餌（きゅうあいきゅうじ）の行動を行うことがあります。吐き戻しの際は、縦に顔を振りますが、顔を横に振りながら吐くときは、病気の可能性もあるので、見かけたらすぐに病院に連れて行ってください。

羽づくろい

パタ
パタ

あら 羽づくろい してくれるの？
ハム
ハム

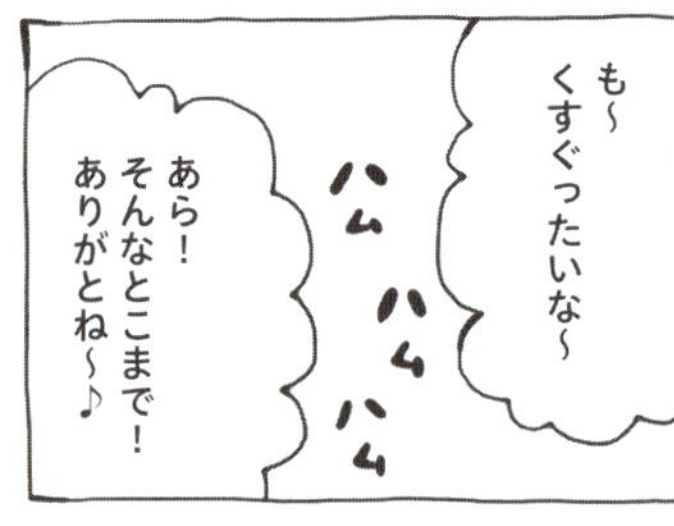
も～ くすぐったいな～
あら！ そんなとこまで！ ありがとね～♪
ハム
ハム
ハム

す、すごいていねいに…… ありがとね…
ドーン
パタ
パタ

おしゃべり

おはよう ございます
オア…？

長かったかな？
おはよう
オアヨ…？

おはよう
オハイオ…？
おしい！

おはよう！
キリッ
オハヨ…… ゴザイマス！
ございますは 簡単なのね…

3章

キモチを伝えるしぐさ

相手に気持ちを伝えるためには、
ボディランゲージでアピールです！

甘えたいなあ♥

翼をワキワキしておねだりポーズです！

「遊んでほしいなあ」「おやつがほしいなあ」と、飼い主さんにおねだりしたいときってありますよね？　そんなときにぴったりな、おねだりポーズがあります！　まず、翼を肩から少し離します。次に翼を震わせて、ワキワキ……。これが「悩殺♥ワキワキポーズ」です。このポーズでかわいくおねだりすれば、飼い主さんはきっとあなたのことを思う存分、甘やかしてくれますよ。ただし、おねだりの回数が多いと、もしかしたら効果が薄れちゃうかもしれません……!?

飼い主さんへ　わたしたちが飼い主さんに甘えるのは、信頼している証拠です。頭を下げたり（47ページ）、口を開けてごはんを待っていたり（67ページ）するのも甘えているしぐさですよ。だからといって、おねだりを全部受け入れると、わがままになるので要注意です。

ごはんちょうだい！

#しぐさ　#口を開ける

口を開けて、ヒナのようにごはんをおねだりします

ヒナのように大きく口を開けて、ごはんをおねだりしているあなたは、かなりの甘えん坊ですね。でも、おいしいものを食べることが幸せなのは、インコも人間も同じみたいです。わたしたちは、家族が食べている物は「毒がない安全なもの」と判断するので、つい食べてみたいなあと、おねだりしちゃうのです。と言っても、飼い主さんやいっしょに住んでいるネコやイヌなどが食べているものは、わたしたちの体には害になることもあるので、食べたらダメですからね！

飼い主さんへ　インコがごはんをおねだりしても人間の食べもの（青菜以外※101ページ）は、体を壊す原因になることもあるのであげないように注意してください。また、発情時に赤ちゃん返りをして甘えているときや、暑いときにもこのしぐさをしていることがあります。

ぼくのことを見てよ〜

#しぐさ　#邪魔をする

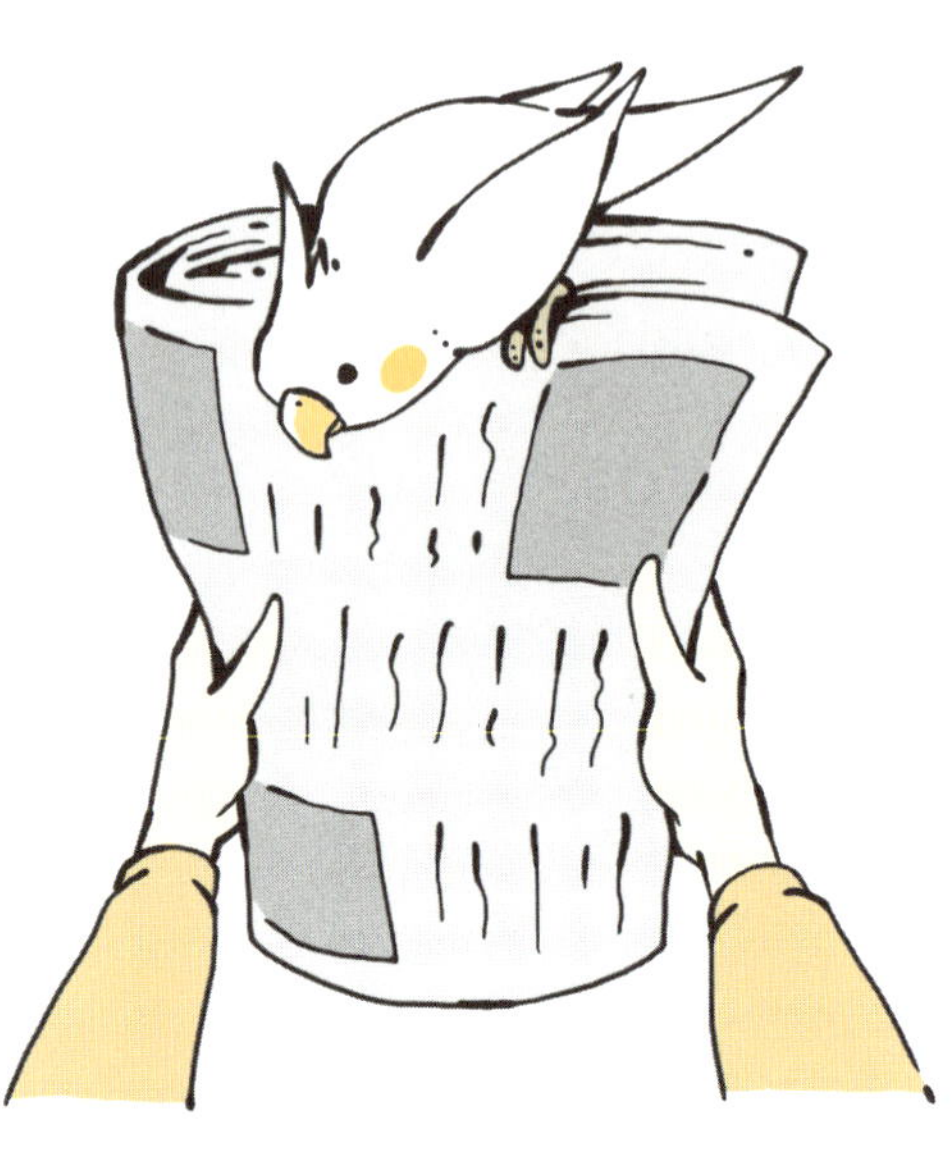

邪魔なものに乗って無理やり視界に入るべし！

「飼い主さんがわたしを見てくれない」という悩みは、たくさんのインコから相談されます。まずは、飼い主さんがなにをしているか観察してみてください。「新聞」とよばれる大きな紙や、声が聞こえる「スマホ」とよばれる機械を見ていませんか？　そんなものに夢中な飼い主さんを振り向かせるために、試してみてほしいのが、新聞紙やスマホの上に乗ること。強制的に飼い主さんの視界に入れば、あなたの要望に気づいてくれるはずです！

飼い主さんへ　せっかく同じ空間にいるんですから、〝新聞を読みながら〟〝テレビを見ながら〟の放鳥はやめてください！　わたしたちは、飼い主さんと同じ空間で同じことをするのが幸せなのです。放鳥しているときは、わたしたちに向き合ってくださいね。

Column

ちょっと見てよ！　飼い主さん！

わたしたちのこと以外に夢中な飼い主さんを振り向かせたい……。
そんなあなたに、さらなる秘伝のテクニックを教えちゃいます！

さかさまポーズ★

飼い主さんがチラッとこちらを見たときに、さかさまになっていたら驚くと思いませんか？　飼い主さんが二度見すること間違いなしです！

わざと、いたずらをする

いたずらをしたとき、飼い主さんが大騒ぎしていませんでしたか？　ということは、いたずらをすれば、飼い主さんはこちらに注目してくれるということです！

ピョンピョン跳ねる

アクションが派手なヒインコ系のインコさんへのおすすめは、ピョンピョン跳ねること。元気いっぱいのジャンプで飼い主さんの気をひいてみてください！

飼い主さんの注目を集めるために、ぼくもいろいろなテクニックを覚えたよ。本当は、ぼくたちが“かまってアピール”をする前にいっしょに遊んでくれたらうれしいんだけどねえ……。遊んでアピールのとき以外に、ときどきケージの天井でさかさまポーズをしているインコもいるけれど、それは止まり木より高い位置を探した結果みたい。

準備万全！ いつでもいけるよ！

＃しぐさ　＃体をのばす

体をのばして準備運動バッチリ！

たっぷりくつろいでエネルギーは充電できましたか？ それでは、元気いっぱい遊びましょう！ その前に「イチ、ニッ、サン、シッー！」。準備運動をしましょう。左翼、左足、右翼、右足を順番にのばして、最後に両方の翼をグーッとのばしたら準備OKです。アクティブな気分になってきたでしょう？ 人間も運動をする前に、ストレッチで手足をのばして動く準備をするといいます。わたしたちと人間は、気持ちだけでなく、行動も似ているんですね。

飼い主さんへ　これは「開始行動」とよばれるもので、インコがなにかをはじめる前の準備運動です。飼い主さんがインコと遊びたいなら、このしぐさをしているときがチャンスです。お気に入りのおもちゃで、たくさん遊んでくださいね。

お外こわいよ〜

#しぐさ　#ケージから出ない

無理して外へ出る必要はありません！

わたしたちは、好奇心が旺盛な生きものですから、ケージの外で冒険することにも興味津々です。しかし、冒険をしているときに、こわい思いをしたり痛い目にあったりしたら、外へ出るのがこわくなってしまいます。そんなときは、飼い主さんが呼んだとしても無理に外へ出なくてもよいのです。ケージの中は安全な場所ですからね。もし、なにかのきっかけでケージの外も安全だということがわかったら、また外に出て冒険してみましょう。

飼い主さんへ　放鳥しているときにこわいことを経験したら、インコはケージの外に出たがりません。外が安全だということがわかれば外へ出るようになるので、好きなおもちゃを外に置いたり、楽しんでいるようすを見せたりして少しずつ外への恐怖感を和らげてくださいね。

遊んで、遊んで！

#しぐさ　#右往左往

止まり木の上で右へ左へせわしなく動きましょう

遊びたくてウズウズしているようですね、ボタンインコくん。ケージの外で遊びたくてウズウズしたとき、わたしたちインコは、ついつい止まり木の上で右へ左へと走り回ってしまいます。その落ち着きのない姿に「なにかトラブルがあったのかも!?」と、驚く飼い主さんもいるかもしれません。とくにトラブルはありませんが、遊びたくてたまらない状態ですから、飼い主さんがこちらを見てくれることは好都合です。アピールして外に出してもらいましょう。

飼い主さんへ　これは「思いっきり遊びたい」というわたしたちからのサインです。ケージの中でなく、外でダイナミックに遊びたいという気持ちを表していますから、片手間でなく、飼い主さんも本気でわたしたちと遊んでくださいね。

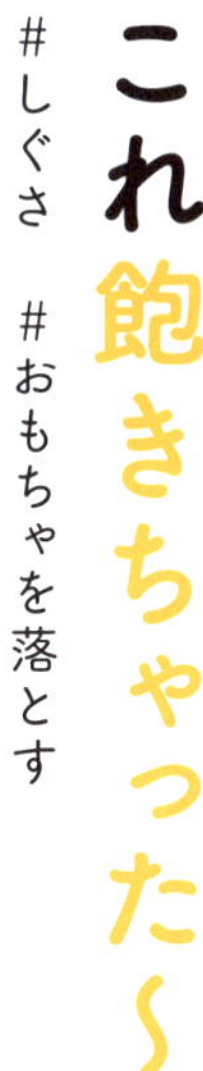

これ飽きちゃった〜

＃しぐさ　＃おもちゃを落とす

遊び飽きたら目の前からポイッ！

ついさっき夢中になって遊んでいたおもちゃ。急に飽きてしまうことってありますよね？　それなら、おもちゃをポイッと床に落としちゃいましょう！　目の前からなくなれば、遊ばなくてもいいですものね。もしかしたら、落としたことをきっかけに飼い主さんが遊んでくれるかもしれません。あなたが落として、飼い主さんが拾う。これも楽しい遊びです。同じおもちゃでも工夫次第で、ほかの楽しみに発展します。ほら、飼い主さん。拾って拾って〜！

飼い主さんへ

おもちゃを落としたときに、飼い主さんが「あら！」と反応したり拾ったりしたら、それが新たな遊びとなり、くり返し落とすインコもいます。ものを引っ張ったり、移動させたりすることもインコの遊びのひとつです。

今日はおしまい！

#しぐさ　#尾羽を上下に動かす

尾羽を上下に動かして気持ちを切り替えましょう

飼い主さんと遊んでいるときや、ひとりで遊んでいるときに「今日はもうおしまいにしよう」と思ったら、遊びモードをオフにするために尾羽を上下に動かしましょう。終了を相手に伝えるだけでなく、自分自身の気持ちを切り替えるために有効な手段なのです。いわゆる「けじめ」ってやつですかね？　ちなみに、尾羽を動かすしぐさはインコどうしのあいさつにも使えます。ほかのインコを見かけたら、近づいて尾羽を上下に動かしながら「こんにちは！」と声をかけましょう。

飼い主さんへ　これは「終了行動」とよばれるものです。インコがこのしぐさをしているのに遊び続けようとすると、「しつこいなあ」と思われてしまうかもしれません。インコの終了行動を見かけたら、インコといっしょに飼い主さんも気持ちを切り替えましょう。

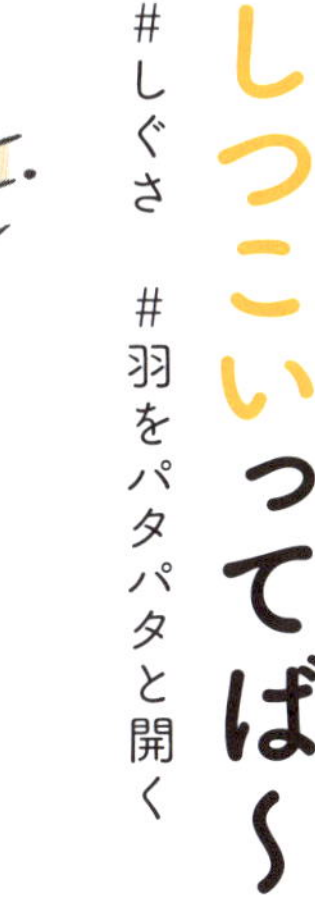

しつこいってば～

#しぐさ　#羽をパタパタと開く

しつこいときは羽をパタパタッ

右ページで「終了行動」についてお話ししましたが、それでも遊びをやめてくれない飼い主さんがいます。それが、あなたの飼い主さんですね。そんなときは、「いい加減にしてよ!」と、しつこいと思っていることをアピールしましょう。伝え方は簡単。羽を大きく開いてパタパタッと動かすだけです。いくら大好きなパートナーでも、しつこいといやになってしまいます。ほかにも、いやなことがあったときに「気を静める」という意味でも効果的ですよ。

飼い主さんへ　インコがこのしぐさをしたら、飼い主さんのしつこさにイライラしているということです。そんなときは「しつこくしてごめんね」と謝って、引き下がりましょう。あまりにしつこいと、きらわれてしまいますよ。

まだ遊びたいもん！

#しぐさ　#羽をばたつかせる

羽をばたつかせて抵抗しましょう

遊び足りないのに、飼い主さんの都合でケージに戻されてしまうことってありますよね。そんなときは抵抗や拒否の意味を込めて、止まり木に止まったまま、飛び立つ勢いで羽をばたつかせましょう。実は、人間の子どもも行うみたいです。おもちゃやおかしを買ってもらえないときに、羽の代わりに足をバタバタさせる「地団太を踏む」という行動です。ほかにも、寝たくないのに電気を消されたとき、飼い主さんが歌っている歌が気に入らないときに使うといいですよ。

飼い主さんへ　駄々をこねたインコに対しては、無視することが一番です。あれこれ対応をすると、「駄々をこねればよいことがある♪」と、悪ノリしてしまいます。抵抗や拒否のほかに、飼い主さんがしつこくしてきたときにも、羽バタバタで主張することがありますよ。

まったく眠くないよ！

#しぐさ　#眠らない

遊び盛りの若インコは体力満タン！

先生も若いときはそうでした。寝ることより遊ぶことのほうが楽しいので、飼い主さんの声を無視して夜遊びしていた時期もありました。夜遊びって刺激的ですもんね。でも健康面からみると、夜更かしはよくないのです。インコ生活の基本は、早寝早起き（176ページ）。充実した毎日を送るためにも、健康管理をしっかり行いましょう。ほら、飼い主さんが「寝る時間だよー！」と呼んでいますよ。また明日、元気いっぱい遊びましょうね。

飼い主さんへ　健康保持のためには、規則正しい生活が不可欠です。夜になってもインコが「まだ遊びたい！」と主張しても、ここは甘やかしたい気持ちをグッと我慢してケージに戻し、カバーをかけましょう。部屋が暗くなれば、わたしたちは寝る準備をはじめます。

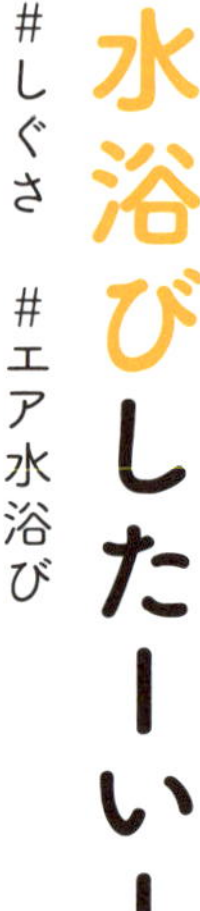

水浴びしたーい！

#しぐさ　#エア水浴び

エア水浴びで飼い主さんにアピール

水浴び欲求が高まってきたのに、飼い主さんが用意してくれる気配がない……。そんなときは、目をつぶって水浴びをする自分を思い浮かべてください。光る水面に、心地よい水しぶき。なんだか水浴びをしている気分になってきたでしょう。つい体が動いて、止まり木の上でエア水浴びをしてしまいますよね。ほら、そんなあなたを見て、飼い主さんが水浴びの用意をはじめました。ようやく水浴び本番です。楽しんできてくださいね！

飼い主さんへ

わたしたちは、きれい好きな動物です。水浴びをすることで、体の汚れや脂粉（しふん）（159ページ）、寄生虫を洗い流し、さらにストレス発散をします。季節に関係なく水浴びをしますが、冷水やお湯はNGなので、常温の水でお願いしますね！

水浴びうれしい♥

#しぐさ　#走り回る

うれしいあまり思わず駆け出します！

「いえーい！」。そんな声が聞こえてきそうなくらいはしゃいでいますね。待ちに待った、水浴びタイム！思わず、用意している飼い主さんのまわりを走り回っちゃいますよね。さあ、思う存分楽しみましょう！……おかえりなさい。楽しめましたか？　あなたは容器の中で水浴びをしますが、なかには水道から出る流水シャワーで水浴びするインコもいるんですよ。豪快ですね。好みはインコさまざまですから、好きな方法で水浴びタイムを過ごしましょう！

飼い主さんへ　水浴びの目安は、週に1回。水浴びが好きな子や暑い時期は、水浴び欲求が高いので、おねだりの回数が増えます。しかし、水浴びを好まない子もいるので、飼い主さんのタイミングではなく、インコの好みや体調に合わせて、回数を調整してくださいね。

なに見てるんだよ〜

＃しぐさ　＃瞳孔が縮む

瞳孔を縮めて、攻撃モード突入です！

ふだんは、おとなしい平和主義者のわたしたち。でも、成長の途中で発情期や反抗期を迎えると、ちょっと攻撃的なモードに入っちゃうことがあるんですよね。瞳孔を縮めて「おうおう、ちょっと表出るか!?」なんて気持ちで、気に入らない相手にケンカを売ってしまうんです。その相手は、新しく来た新参インコだったり、気に入らないおもちゃだったり、はたまた家族のだれかだったりと、さまざま。ごきげんななめのときも、どうかあたたかく見守ってください〜。

飼い主さんへ　攻撃モードなインコは、おもしろいぐらいになにかと因縁（!?）をつけて攻撃してきます。あまりにもしつこい場合は、ちょっと放置して、怒ってもなにも解決しないことを教えるのも手です。長く続く場合は、お医者さんなどに相談したほうがよい場合も。

汚い部屋、掃除してよ〜

＃しぐさ　＃ウンチを投げる

ウンチをポイッと投げちゃいましょう！

あらあら、ケージ底のシートにウンチがたくさんたまっているようですね。きれい好きなわたしたちですから、自分が出したものとはいえ、しばらく放置されていると気になります。とくにケージ底のシートは、飼い主さんに毎日交換してほしいものなのですが……。そんなものぐさ飼い主さんへ訴えるためには、ウンチをポイッとケージ外へ投げてしまいましょう。いつもと違うあなたの行動に、きっと飼い主さんも気づいてくれるはずですよ。

飼い主さんへ　ケージを掃除して清潔に保つことは、わたしたちの健康にとって大切なことです。ケージ底のシート交換のほかに、週に1回はフン切り網にこびりついたウンチの掃除、月に1回はケージ全体を熱湯消毒するなどの大掃除をお願いします！

怒るわよ！ まったくもうー！

＃しぐさ　＃顔の毛が逆立つ

顔のまわりの毛が逆立つくらいプンプン！

顔のまわりの羽毛が逆立っているインコさん。どうやらお怒りのようすですね。わたしたちインコは、ムカーッとしたときに、顔のまわりの羽毛が逆立ちます。これは、人間でいう「怒りで頭に血がのぼる」状態と似ていますかね。目に見えるくらい、怒っているようすがわかります。ちょっとちょっと、飼い主さん。「かわいい」なんてのんきなことを言っている場合じゃないですよ。インコさんは本気で怒っているんですからね！

飼い主さんへ　こんな姿になったインコの怒りに心当たりはありませんか？　もし飼い主さんが原因だとしたら、まずは「ごめんね」とひと言謝りましょう。「親しき仲にも礼儀あり」です。謝ったあとは、インコの怒りが落ち着くまでひとりにしてあげることが賢明です。

Column

怒りの伝え方教えます！

怒りはきちんと相手に伝えることが大切。声だけでなく、行動でも示しましょう。怒った理由は、飼い主さんが察してください！

顔まわりの毛を逆立てる&「フーッ」と息を吹く

怒りが頂点に達したら、右ページで紹介した「顔まわりの羽毛を逆立たせる」方法とあわせて、「フーッ」と息を吹きましょう。ここまで怒れば、さすがに相手に伝わるはず。

ゆらゆらして体を大きく見せる

「むかつく！」と思ったら、体を左右にゆらゆらと揺らしましょう。揺れることで体を大きく見せて、相手を「オラオラ」と威圧できます。

怒りの伝え方、わかったかしら？ 我慢せず、怒りをきちんと伝える勇気が大切なのよ。ちなみに、息を吹いて怒る方法は飼い主さんからインコにする場合でも同じ（55ページ）。飼い主さんから息を吹きかけられたら「やりすぎちゃった……」って反省することもあるわ。

ぼくのほうがえらいんだぞ！

#しぐさ　#高い場所に止まる

高い場所から「えっへん！」

わたしたちには「敵から身を守るために、より高い場所にいたい」という習性があることを19ページでお話ししました。その考え方が少し変化して、「高い場所にいるほうがえらい！」という認識をもっています。ですから、高い場所へ飛んでいけばよいのです。たとえば、自分のほうがえらいことをアピールしたいなら、食器棚やエアコンの上など人間の手が届かない場所。そこまで飛んでいって、「えっへん」と威張ってしまいましょう！

飼い主さんへ　いっしょに暮らしているインコが高い場所を定位置にしているのなら、飼い主さんは見下されているのかもしれません。このままでは、わがままインコまっしぐら。高い位置にものを置いたりロープを張ったりして、物理的に行けないようにしましょう。

あの子によいところを見せたい！

＃しぐさ　＃肩をいからせる

肩をいからせてドヤ顔で歩き回るべし！

気になるあの子へ男らしさをアピールしたいのですね。そんな肉食系男子のきみにぴったりなモテテクニックは、肩をいからせて歩き回ること。「オレは強い男なんだぞ！」とドヤ顔で自信満々に歩けば、きっと意中の子もあなたに夢中になることでしょう。え、気になるあの子って飼い主さんのことなのですか？　安心してください。飼い主さんに対してもこのテクニックは通用しますから、「オレのお嫁さんになれよ！」と強気にアピールしましょう！

飼い主さんへ　この〝強さアピール〟は、オスのみが行う求愛行動です。メスに対してだけでなく、飼い主さんへ求愛することもあります。ただし、オスが発情すると攻撃的になることがあるので、このしぐさをしたらケージに戻すなどして、発情モードをおさえるようにしましょう。

ここは全部ぼくのなわばり！

＃しぐさ　＃ケージに戻らない

外もなわばりだから ケージに戻る必要はありません

71ページのように「おうちが一番安全だから、ケージの外に出たくない」と考えるインコがいる一方で、ケージの外もおうちだと考えているインコもいます。たしかに、ケージの中も外も安全ななわばりであれば、わざわざ窮屈なケージに戻る必要はありません。ですが、本当に安全でしょうか？　なわばりが広がればそのぶん危険も潜んでいるかもしれません。少しせまいですが、ケージに戻ってゆっくり羽を休めるのもよいかもしれないですよ。

飼い主さんへ　いつでも安全で楽しく遊べる環境をつくってくれるのは、とてもうれしいことですが、おたがいが快適に過ごすためにも、放鳥時間を決めてメリハリをつけましょう。ケージの中に、大好きなおもちゃなどの楽しみが待っていれば素直に戻りますよ。

わたしって強いのよ！

＃しぐさ　＃尾羽を広げる

体の大きさで強さを示します

強いことを相手に示すには、体を大きく見せる必要があります。なぜかって？　自分より大きい相手ってこわいじゃないですか。そのために、尾羽を大きく広げましょう。尾羽を広げたぶん、いつもより体が大きく見えますから、相手はひるんでしまいますね。これはオスでもメスでも有効な方法です。体を大きく見せて、威張ってやりましょう。ちなみに、同じ鳥類のクジャクも、カラフルな羽を扇子のように広げますが、あちらはオスからメスへの求愛行動みたいですね。

飼い主さんへ　高い場所が定位置になったインコは、とても強気になります。そうなったら、尾羽を広げて威張るのも無理はありません。強気になってわがまま放題にならないように、ケージの位置を調整するようにしましょう（19ページ）。

むー、羽を抜きたいー！

#しぐさ　#羽を抜く

それは「毛引き」とよばれるインコならではの行動です

自分の羽を1本、2本……と抜いていく、この「毛引き」。単なる羽づくろいとはちょっと違います。左ページで詳しく解説しますが、最近体の調子がおかしくないですか？　まずは病院で検査するのがおすすめですよ。とはいえ、奥深い毛引きの世界。退屈なときに、自分の羽を抜くのが楽しくなっちゃってクセになったというインコも多いようです。遊ぶのは、飼い主さんかおもちゃといっしょにしましょう！　自分の羽を抜くのはダメですよ～！

飼い主さんへ　毛引きは今もなお治療が確立されていない、むずかしい問題です。お医者さんから学者さん、バードトレーナーさんまで、さまざまな専門家が毛引き行動の解明を模索中。正解がない問題だということを知ることこそが、毛引き理解の第一歩なのです。

Column

体の病気？　心の病気？

体の病気が原因で、毛引きをするケースもあります。たとえば栄養障害などが生じると、いつもとは違う羽が生えることがあります。こうなると「この羽、気に入らない！」と自分で羽を抜きたくなってしまうのです。心の病気が原因の場合は、ストレスや発情などが考えられます。けれど、ただ飼い主さんの気をひきたくて毛引きをすることもあります。もし毛引きをしているところを見つけたら、まずは病院へ。体の異常がなければ、じっくりと原因究明を図りましょう。

毛引きの症状が深刻化すると、ワキやおなかなどの羽がつるんとなくなってしまうことがあります。今までとは違うインコの姿にショックを受ける飼い主さんが多いようです。でも、毛引きをすぐにやめさせることはむずかしいのです。なにが原因か、気長に根気よく、そして長い目でインコと向き合ってくださいね。飼い主さんが自分を追い詰めないことも大事かもしれません。

InkoGaku TEST

○か×で答えよう インコ学テスト－前編－

どれだけインコ学が身についたか、○×テストでチェックします。
まずは、1～3章を振り返りましょう。

第1問	インコは、**高いところ**がこわい。	[　]	→ 答え・解説 P.19
第2問	かまってほしいときは、**邪魔なもの**の**上に乗る**。	[　]	→ 答え・解説 P.68
第3問	飼い主さんの**ようすがおかしい**ときは、**遠くから見守る**。	[　]	→ 答え・解説 P.58
第4問	怒りがMAXなときは**「ギャー」**と鳴く。	[　]	→ 答え・解説 P.38
第5問	しつこくされたときは、羽を**パタパタ**と開く。	[　]	→ 答え・解説 P.75
第6問	ケージ内が汚くなったら、自分で**掃除をする**。	[　]	→ 答え・解説 P.81
第7問	なでてほしいときは、**頭を下げる**。	[　]	→ 答え・解説 P.47
第8問	**尾羽**を広げて、強さをアピールする。	[　]	→ 答え・解説 P.87

第９問	1羽でも、飼い主さんがいれば さびしくない。	[　　]	→ 答え・解説 P.21
第10問	大好きと伝えたいときの 鳴き方は「ピュロロ」。	[　　]	→ 答え・解説 P.32
第11問	インコは、空気が読めない。	[　　]	→ 答え・解説 P.23
第12問	外がこわいときは、 ケージから出なくてもよい。	[　　]	→ 答え・解説 P.71
第13問	インコは平等主義だから、 家族の好ききらいはない。	[　　]	→ 答え・解説 P.28〜29
第14問	インコにプロポーズするときは、 宝石をプレゼントする。	[　　]	→ 答え・解説 P.63
第15問	ケンカを売るときは、 瞳孔を縮めてガンをつける。	[　　]	→ 答え・解説 P.80

11〜15問正解

よく学びましたね。あなたは、とても博識なインコです！

6〜10問正解

基礎はしっかりしているので、あともう一歩です！

0〜5問正解

……あなたは本当にインコですか？　イチから学び直しましょう。

ひとやすみ

スマートフォン

かくれんぼ

4章 インコの不思議な行動

同じインコでも、ちょっと不思議に思う行動。
その行動がなにを示すのか、解説します！

メチャクチャ楽しい！

#行動　#頭を振る

最高な気分だとヘッドバンギング！

わたしたちインコは、たまになにかにとりつかれたように、頭を上下にブンブン振ることがあります。幸せな気持ちになったり飼い主さんのうれしそうな姿につられたりすると、頭を振って喜びを表現するのです。突然の高速ヘドバンにびっくりする飼い主さんも多いみたいですね。でも、あなたがものすごく楽しそうにしているのが伝わっているはず。「そんなに激しく頭を振って、めまいがしないの？」って聞かれますけど、そんなにヤワな体じゃありませんから！

飼い主さんへ　もし、インコがこのしぐさをしていたら、ぜひ飼い主さんも同じことをしてください。同じ行動をいっしょにするということは、インコにとってもっともうれしいこと。喜びが増量して、さらにヘドバンがヒートアップすること間違いなしです！

あったかくてなんだか幸せ～

#行動　#洋服にもぐり込む

巣の中を思い出しています

飼い主さんの洋服の中に、ヒョイッともぐり込むのが大好きな甘えん坊インコもいますよね。洋服の中とまでいかなくても、飼い主さんの手の中でトロンと寝そうになる子もいます。インコにとって、せまくてあたたかな空間は「巣」を連想させます。ヒナのころを思い出して、まるで赤ちゃんになった気分でうっとりしちゃうんですよね。この気持ち、わからなくもありません。飼い主さんのそばが安全な場所で幸せだと、あなたが安心しきっている証拠ですよ。

飼い主さんへ　巣を連想させる行動は、もしお宅のインコがメスならちょっとNG。「ここって最高の産卵場所!?」と思い込ませて、過剰な発情をうながしてしまうこともあります。すでに発情で悩んでいるのなら、過度のスキンシップは避けましょう。

見回りをするよ〜

＃行動　＃翼を広げて歩く

羽を広げながらなわばりを確認します

あらあら、きみはなわばり警戒に熱心ですね。翼を広げて、そこらじゅうを歩き回るこの行動は、「よし、今日もなわばりに異変がないかな」と確認する、いわばインコのパトロールです。ケージの外に出たときに、自分のなわばりに見慣れないものがないか、不審なものがないか、心配になりますよね。だから、パトロールが大切なのです。もし変なものがあったらあったで、こわいのですが……（そのときはどうしましょう）。ついついやってしまう日課のようなものですね。

飼い主さんへ

なわばり意識が強いのは一般的に、コザクラインコやボタンインコといわれています。一方、オカメインコなど、季節によって住処（すみか）を変える「渡り」をする鳥種は、なわばりの意識が薄いようです。なわばり内を快適にするこだわりも薄いといわれています。

足が冷たいなぁ

#行動　#片足立ち

ちょっと寒いです……

「う〜、寒い寒い。ちょっと冷えてきたな〜」っていうときは、足を体の中にしまいましょう。わたしたちインコは体の構造上、どうしても外にピョコンと出てしまうのが、足。そこには羽毛が一切なく、直接、寒さや暑さを受けやすい場所です。寒いな〜と思ったら、あたたかな羽毛の中にイン！　体の中に足をしまってうずくまれば、完ぺきです。止まり木に止まっているときに寒いと感じたら、片足だけしまう横着なスタイルもおすすめです。

飼い主さんへ　季節の変わり目など、急に寒暖の差が激しくなるときがありますよね。こうしたときの寒さに耐えるために、わたしたちインコは自分の体を使って工夫します。でも、あまりにも寒がっていたら、ちょっと部屋の温度を見直してくださいね。

体がふくらんで、頭もボーッとする

#行動　#体がふくらむ

体調が悪いサイン！大丈夫ですか？

寒すぎると、体が「ボワッ」とふくらんじゃいますよね。もし、お隣の子が急にこんなふうになったら、「あいつ丸っこくてかわいいな〜」と思っている場合ではありません。寒いだけでなく体調が悪いサインかもしれません。インコの体は「もう無理、かなり寒いよ……」と、寒すぎると感じたら、羽をふくらませます。ひとつひとつの羽をふくらませることで、体の中にあたたかい空気をとどめようとしているのです。あなたもこの状態になったら、危険信号ですよ。

飼い主さんへ　暖房をつけているのに羽がふくらんだ状態（膨羽）が続いていたら、病気を疑いましょう。膨羽は、びっくりしたときなどにも見られることがあります。長時間、膨羽の状態が続いていなければ、それほど心配はいりません。

ごはん、食べているフリ……

#行動　#ごはんを食べるフリ

体調が悪いことを隠したいインコゴコロなのです

あら？　もしかして、体調不良ですか？　わたしたちインコって、「ボーッとしている」とか「明るい」とか言われることもありますが、実はかなりデリケートなんですよね。だから、体調が悪くてごはんが食べられない、そんなときも飼い主さんを心配させたくないという一心で、ごはんを食べるフリをしてしまうのです。カラ元気でも、飼い主さんの笑顔を見たいという健気なところがあるんです。よくないことだとわかってはいますが……。ウソをついてごめんなさい。

飼い主さんへ　エサ入れをカラに見せるなどの、巧妙な「食べたフリ」。でも本当に食べているかは、飼い主さんの毎日のお世話で、わりとすぐバレてしまいます。気づいてほしいような、ほしくないような複雑なところですが、お世話のほどよろしくお願いします。

ウンチをモグモグ……

#行動　#ウンチを食べる

ちょっと待って！　栄養が足りていないかも!?

ほかの動物では、ストレスがたまるとウンチを食べる「食糞（しょくふん）」の行動が見られるそうです。わたしたちインコも、ウンチを食べることがまれにあります。理由は……はっきりわからないんですよね。ストレスというよりも、栄養が偏っていて不足したぶんを補うために、ウンチを食べてしまうようです。野菜ぎらいの子や、偏った種類のシードばかり食べている子に多いみたいです。栄養面からみると、わたしたちにはペレットが最適！　これを機にペレットに切り替えてみませんか？

飼い主さんへ　ケージの下にあるウンチを食べているインコを見たら、ちょっとゾッとしますよね。わたしたちインコだって、本当はウンチなんて食べたくないんです……。だから、栄養満点のごはんを飼い主さんも心掛けてくださいね。

Column

栄養豊富なペレットと青菜を食べよう！

ペレットは総合栄養食。インコの体に必要なたんぱく質、脂質、繊維質などがバランスよく配合されています。わたしたちの視覚に訴える、赤や紫、黄色などのカラフルなペレットもありますよ。忘れちゃいけないのが、副食の青菜。小松菜や豆苗（とうみょう）など、インコの食生活を豊かにするには青菜は欠かせません。

わたしたちインコって好奇心旺盛、かつ食いしん坊。だからこそ、「大好きな飼い主さんはなにを食べてるのかな～？」と気になって、しつこくしてしまうこともあるかもしれません。でもね、飼い主さん。絶対、人間の食べものはあげないでください。ウルウルした瞳で「ちょうだい♥」なんておねだりされても、あげたらダメですからね！

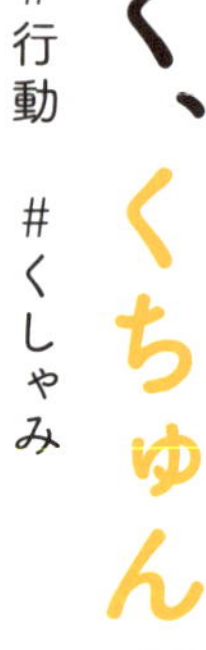

く、くちゅんっ

＃行動　＃くしゃみ

あらあら、カゼですか？

「急に自分の口から『くちゅん』という音が出るようになった。しかも音に合わせて頭が小刻みに動いちゃう――。ぼくって新しい特技ができるようになったんでしょうか?」。おやおや、あわてん坊のインコさんですね。動画を撮ってもらう前に教えてあげましょう。それはただのくしゃみですよ！　あんまり続くようならカゼの可能性大。気をつけてくださいね。近くにいるインコたちは、ちょっと離れましょうか。インコ用のマスクはまだ発明されていませんからねえ。

飼い主さんへ　心配な「くしゃみ」ですが、芸達者なインコの中には飼い主さんのまねをしているというケースもあります！　家族に花粉症の人がいるなどの覚えがありませんか？　聞き慣れない不思議な音が気に入ってまねしちゃったみたいです。

今日は雨かあ。まったり過ごそう

#行動　#雨の日はおとなしい

個体差もありますが、雨だとおとなしくなる傾向に

おや、オーストラリア出身のセキセイインコはどうやら「晴耕雨読（せいこううどく）タイプ」みたいですね。南米出身のマメルリハインコは、逆に雨の日に元気になる子が多いとか。どうやら出身地に関係しているようです。乾燥地帯で暮らしていたインコは雨の日はおとなしく、亜熱帯にいたインコは元気になるようです。日本は乾燥したり、雨が降ったりと四季の移り変わりが激しい国です。そのため、代々日本で育ってきたインコの中には天気なんか気にしない、なんて子もいるようですよ。

飼い主さんへ　天気によってテンションが変わるのは、インコの性格によるところも大きいようです。たとえば、晴れると飼い主さんがうれしそうだったり、洗濯ものを干すなどして忙しそうだったりすれば、インコもそれにつられて楽しんでいるのかもしれません♪

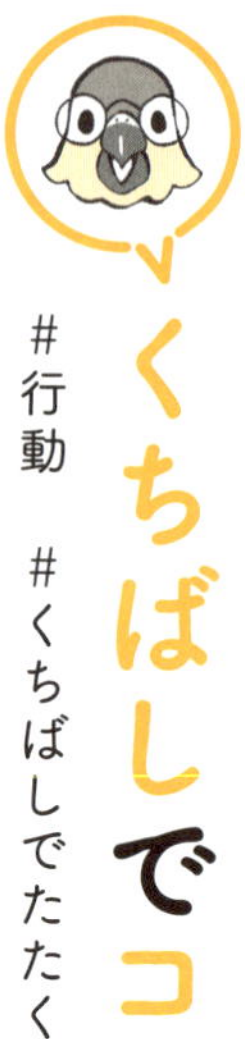

くちばしでコンコン

＃行動　＃くちばしでたたく

止まり木は身近な楽器！

ん？　ちょっと最近退屈だな、とお嘆き（なげ）のインコさんがいるようですね。そんなあなたにご提案。まずはくちばしを止まり木に当ててみましょう。かたいものどうしがぶつかる、コンという楽しい音が聞こえませんでしたか？　続けて音を出せば、まるで音楽みたいです♪　実は止まり木で音楽を奏（かな）でるのは、多くのインコが楽しんでいる遊びなんです。さえずり同様、音楽をたしなむのはインコの基本。あなたもオリジナルソングをつくってみましょう！

飼い主さんへ　インコが音楽をつくるなんて、びっくりしましたか？　もしよかったら、飼い主さんもいっしょに参加してください。わたしの音とあなたの音でセッションしませんか？　楽しく生きるのがインコの基本！　いっしょに音を楽しみましょう♪

くちばしがかゆい〜

＃行動　＃くちばしをこする

止まり木にくちばしをこすりつけましょう！

ごはんの残りがついていたりして、なにやらくちばしがムズムズするとき、ありますよね。そんなときは、止まり木に直接こすりつけるのがおすすめです。休憩所だけでなく、孫の手にも楽器にもなる止まり木って便利ですね。ちなみに、くちばしはケラチンという成分でできています。これは、人間の爪とほぼ同じものみたいですね。くちばしはかたくてなにも感じなさそうとか、鈍感な飼い主さんから言われることもあるかもしれませんが、かゆくなることもあるんですよ。

飼い主さんへ　わたしたちインコはきれい好きです。ごはんを食べたあと、水を飲んだあと、くちばしまわりをふきたいな〜ということもあります。そんなとき、一番便利なタオルって、実は飼い主さんなんです。今日も飼い主さんの洋服でフキフキさせてもらいますね。

くちばしを研ぐぞ

#行動　#ギョリギョリ

おやすみ前に明日の準備をしましょう！

今日も一日元気に楽しく過ごせましたね。ふう。あ、飼い主さんが明日着る洋服を準備しているのがケージ越しに見えますね。さあ、わたしたちインコも負けずに明日の準備をしましょうか。くちばしのお手入れです。上下のくちばしをかみ合わせて「ギョリギョリギョリ……」。うんうん、いい感じです。こうやって研いでおくと、明日も元気にごはんを食べるぞ！　という準備体操になりますね。規則正しい生活がわたしたちの基本ですから、お手入れは万全に行いましょう！

飼い主さんへ

「ギョリギョリ音が好き♥」という、ちょっとインコ愛が強いおもしろい飼い主さんもいるようです。好みは人それぞれといいますからね。寝る前の体操のギョリギョリ。なかには眠気に負けて、ギョリギョリしたまま寝落ちしてしまうインコもいますよ。

あやしいヤツだ！ つつこう！

＃行動　＃つつかれる

気になったらくちばしでつつきます

気になるものを発見しましたか？ 興味がわいたら、くちばしでツンツンとつついてみましょう。くちばしはインコにとって、目標物に一番先にふれる便利なもの。気になるものがあったら、まずはくちばしでつついて、その正体を確かめてみましょう。もしこわいものだったら、対処方法はふたつあります。ひとつは飛んで遠くまで逃げること。もうひとつは、反撃してかみつくこと！ くちばしは便利なだけでなく、最大の武器でもあるのですから！

飼い主さんへ　こわいものにはめったに近寄らないインコがくちばしでなにかをつついたら、それは「興味をもった」という証し。遊ばせたいおもちゃや、食べてほしいごはんなど、苦手なものを克服させるときにはまず、「つつかせる」ことを念頭に置いてくださいね。

#行動　#ワキワキ

羽を広げて熱を逃がしましょう

おや、暑さにまいっているインコがいますね。さあさあ、そんなときは、翼を広げましょう！　ポイントは、翼の根もとに空気を入れるように広げること。人間はこのポーズを「ワキワキ」とよぶことが多いんですけれど、人間のワキにあたるところを動かしているからですかね～。羽毛は熱をためこみやすいですから、翼全体に入っている空気を抜くようにして、羽を全体的にペタンコにするのもおすすめです。体にたまった熱を放出して少し涼しくなるはず！

飼い主さんへ　喜んでいるときもワキワキをしますが、暑いときのワキワキは羽全体をペッタリとさせていることが多いです。真夏日に暑がっていたら温度調節をしてくださいね。口を開けて呼吸していたら、かなり暑がっている証拠ですから！

ヒラヒラだ！ 追いかけよう

#行動　#尾羽を追いかける

それ、あなたの尾羽ですよ

「なにかきれいなものが視界に！　なにかしら？」と追いかけてクルクル。これ、よくお隣に住むイヌもしているあの行動です。そう、そのきれいなものって、あなたのしっぽ＝尾羽なんですよ。あまりにもカラフルですてきだから、気になっちゃう気持ちはよくわかります。これは、あなたが好奇心旺盛で健康なインコに育っている証拠。とくに若いうちは夢中になる子が多いようです。わたしにもそんな時期がありました。若気の至りってやつでしょうかね。

飼い主さんへ　最初は尾羽を追いかける行動が不思議すぎて「ストレスがたまっているのかしら」と心配する方も少なくないようです。でも、長時間続けていないようであれば、ただの遊びなので安心してください。ただし、ケージ内でケガをしないかを見てあげてくださいね。

あれ？ なんの音だろう？

#行動　#首をかしげる

首をかしげて、音を探しましょう

わたしたちインコの耳はくちばしの後方にありますが、音を集める「耳介（じかい）」がありません。なんだかむずかしい言葉ですね。ネコなら三角の、人間なら顔の横についている、目で見える耳のことを「耳介」といいます。耳介がないわたしたちは、頭全体をパラボラアンテナのようにして、音を集めています。なにか気になる音がしたら、首を傾けて音の発信源を探りましょう。ちなみに、ネコやイヌは、耳介を動かして音がする方向を探すなんてことができるみたいですよ。

飼い主さんへ

小首をかしげたポーズのインコって最高にかわいいですよね。わたしも自覚してやっています！　名前を呼ばれたときに、返事をしながら「なあに？　どうしたの？」と飼い主さんに反応していることもありますよ。

なんだか眠いなあ。ふわ〜

＃行動　＃あくび

口を大きく開けて、あくびですね

「眠いな、もうすぐ寝る時間が近いなあ」という夕方などに、思わず口を大きく開けて「ふわ〜」というしぐさが出ること、ありませんか？　これ、人間やほかの動物もする「あくび」というしぐさなんです。わたしたちインコも同じようにあくびをしちゃうんですよね。なんとセキセイインコどうしで「もらいあくび」をすることも、アメリカの研究によって証明されているんです。もともと群れで暮らしているわたしたちインコですから、仲間の行動は自然とうつるみたいです。

飼い主さんへ　仲間のインコのあくびをもらうぐらいですから、飼い主さんのあくびに反応して、もらいあくびすることだってあります。まれにこのしぐさが気に入って、ただあくびのまねをすることも。お父さんの大きなあくびもまねしちゃうかもしれません（笑）。

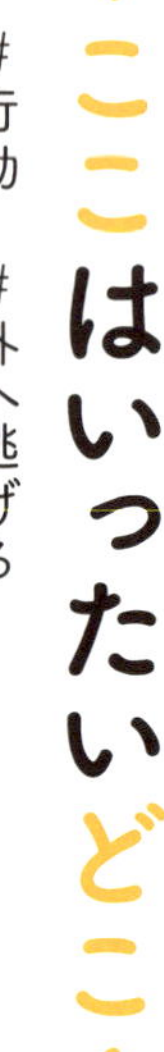

#行動　#外へ逃げる

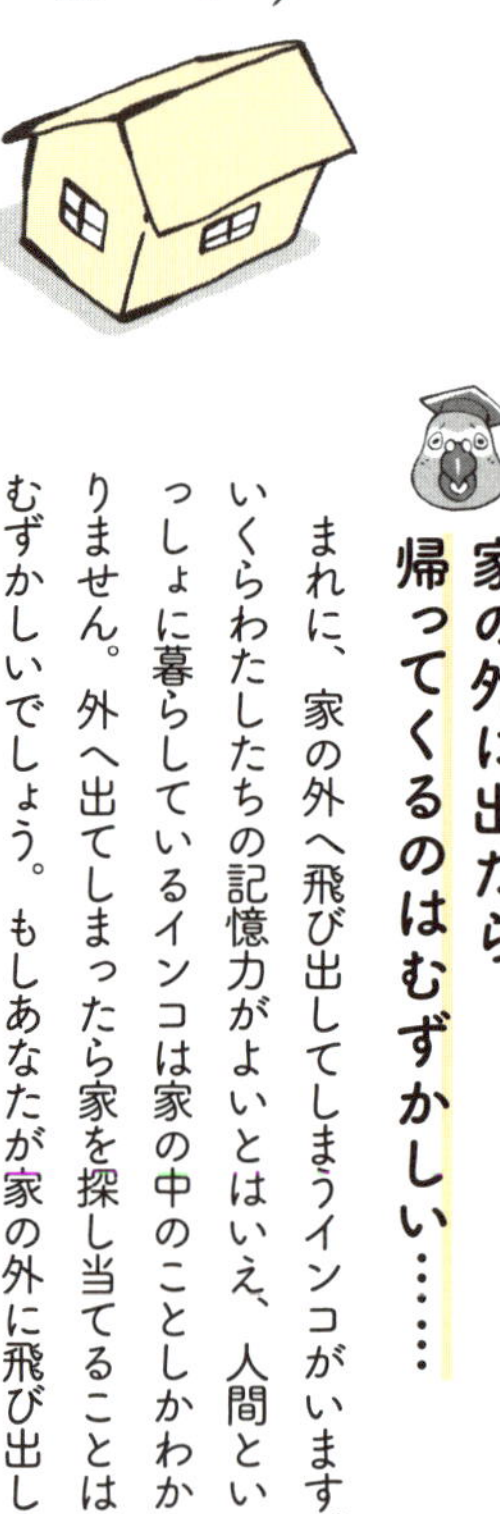

家の外に出たら帰ってくるのはむずかしい……

まれに、家の外へ飛び出してしまうインコがいます。いくらわたしたちの記憶力がよいとはいえ、人間といっしょに暮らしているインコは家の中のことしかわかりません。外へ出てしまったら家を探し当てることはむずかしいでしょう。もしあなたが家の外に飛び出してしまった場合は、一度止まって耳をすましてみましょう。あなたを呼ぶ飼い主さんの声が聞こえるかもしれません。声のする方向へ飛んでいけば、飼い主さんのもとへ帰れる可能性があります。

飼い主さんへ

一番の対処法は、わたしたちが外に出ないよう用心すること。万が一、外へ飛び出したら、すぐに追いかけてインコの名前を呼びましょう。インコは一度安全確認をするために止まりますから、そのときに聞き慣れた声が聞こえれば、その方向へ飛んでいきます。

Column

お出かけって楽しい！

右ページで「家の外に出るのはこわいこと」と伝えましたが、飼い主さんといっしょであれば、外へのお出かけも問題ありません。むしろ、よいことがあると言ってもいいでしょう。たとえば、病院。病院がきらいなインコもいるでしょうが、病院はあなたの健康を守ってくれるところです。行けるに越したことはありません。ただ、飼い主さんと外へ出るためには、キャリーケースとよばれるおうちに入らなければいけません。慣れないうちは大変ですが、入れるようになったらお出かけも容易になるので、早めに慣れておきましょう。

インコを病院へ連れて行くなど、お出かけするときには、キャリーケースが必要です。しかし、わたしたちは基本的には臆病ですから、見慣れないものに入るのはとてもこわいことです。ふだんからキャリーケースを見えるようにしてもらえれば、警戒心が薄れるかもしれません。移動するときは、できるだけ短い時間だとうれしいですよ！

なんだ、あいつ。こわい……！

＃行動　＃瞳孔が開く

瞳孔を開いて、じーっと観察を!!

「苦手なこわいものが近づいてきた！　絶体絶命！　どうしたらいいかわからない！」。そんな、声も出ないあまりのこわさに直面したとき、わたしたちインコはどうにかしようと、必死に目を見開いて瞳孔を開きます。なにもできないけど、でもせめて、目からいろんな情報をとり入れて状況を把握しよう！　という必死な思いでいっぱいいっぱいの状況です。まさに必死の形相とでも言いましょうか。できればこんな思いはしたくないものです。

飼い主さんへ　飼い主さんのもとで暮らすインコの場合、できればこんな表情は見たことがないというぐらいが理想です。でもこわがりな性格の子は、はじめての病院などですごくドキドキして、こんな表情で固まってしまうかもしれません。やさしく声かけしてくださいね。

おててペロペロしちゃお

#行動　#手をなめる

ミネラル不足だと人間の手をなめたくなる!?

あなたになめてもらっている飼い主さん、なんだか喜んでいるみたいですね。しかしこの行動、人間にとっては意外な落とし穴なのかもしれません。ネコやイヌは、愛情表現として飼い主さんをなめることがあるようですが、インコはどうでしょうか？　そうですね。インコの愛情表現に、なめるという行動はありません。「なんだかミネラルが不足しているな〜」と思ったときに、少ししょっぱい（？）人間の手をなめているのです。たまに、遊びで行うこともありますけどね。

飼い主さんへ　インコから手をなめられたら、「なんてかわいい愛情表現なの♥」と思いがちですが、インコはそんなこと思っていません。むしろミネラル不足など、栄養が偏っている証拠ですから、反省してほしいくらいです。いつものごはんを見直してくださいね！

パチパチまばたきが止まらない!!

#行動　#まばたき

警戒するとドキドキしてまばたきします

「なにかこわいものが近くに来た……」。そんなとき、わたしたちインコは無意識のうちにパチパチとまばたきをしてしまいます。どうやら緊張が顔に出てしまっているようです。とくに、警戒しているときは挙動不審になってしまうというか、ストレスからまばたきをくり返します。あらためて言われると、ちょっと恥ずかしいですよね。でも人間も、緊張するとまばたきの回数が多くなるらしいですよ。あれ、やっぱりわたしたちってちょっと似ているのかしら……。

飼い主さんへ　まばたきをするのは、緊張しているときだけではありません。ほかにも、寝起きや眠いときなどに見られます。うれしいドキドキのときも、まばたきをするんです。大好きな飼い主さんに見つめられてドキドキ♥　これはインコの好意と受けとってくださいね。

毎日眠いな〜

＃行動　＃いつも寝ている

眠すぎるときは、健康に要注意!?

「春眠暁を覚えず」と人間の言葉にありますが、インコも眠いときだってありますよね。無性に眠い、眠い……。でもちょっと待って。今まで元気だったのに、急に眠る時間が増えたとなると、体調に異変があるのかもしれません。そもそも、寝るということは、わたしたちのような小さな体の生きものにとって「体力をつける、温存する」という意味合いが強いもの。寝てばかりいるということは、なにか別の異常をカバーしているという可能性が大きいのです。

飼い主さんへ

もし、お宅のインコが7歳ぐらいの年齢で、かつ最近寝ていることが多くなったのであれば、それはシニア期に突入した証しかもしれません。インコも人間と同じで、年をとるとお昼寝している時間が多くなります。そっとしておいてあげましょう。

むかつく！ ストレス発散だ〜!!

＃行動　＃ごはんをばらまく

あらあら、ごきげんが悪いようです

エサ入れをひっくり返して、いろんなところに八つ当たりのごようす。まあまあ、ちょっと落ち着きましょうか。そんなに暴れていたら、飼い主さんもひどく心配しちゃいますよ。もちろん、だれにだってイライラするときはあります。ささいな音が気に入らなかったり、機嫌が悪かったりして暴れちゃったんですよね。まあ、たまにやるくらいなら、飼い主さんも許してくれますよ。エサ入れをひっくり返すよりも、飼い主さんといっしょに遊んでストレス発散しましょうね。

飼い主さんへ

たまにあるインコの「キレ」。過剰に反応すると、「これをやると飼い主さんはかまってくれる！」など、わたしたちに勘違いさせてしまいます。できれば「あらあら、仕方ないわね」と仏のような心で、何事もなかったかのように見守ってください。

洋服のかみ心地イイネ！

＃行動　＃洋服をかむ

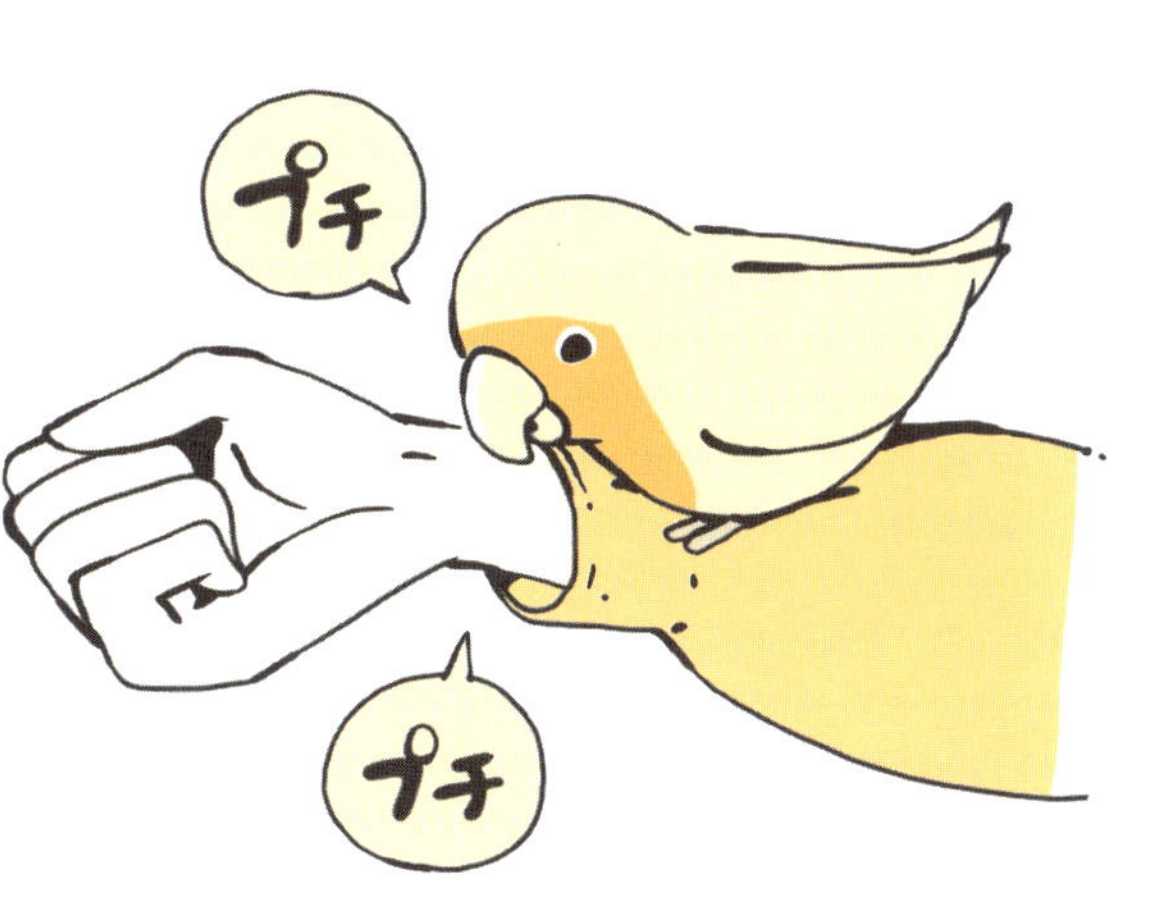

飼い主さんの洋服でくちばしを整えます

わたしたちインコは、くちばしがとっても器用。だから、ついついかみ心地がいいものに夢中になってしまいます。きみは飼い主さんの洋服のかみ心地が好みなんですか。繊維質をプチプチ切る感じ、楽しいですよね。とはいえ、その好みは、インコによってさまざまです。紙が好きなタイプ、木や壁紙が好きというタイプもいます。かみ心地だけでなく、カジカジするのはくちばしを整えるという意味もありますから、どんどんかじっちゃいましょう。

飼い主さんへ　まず、かじられるのがいやなものは、しまっておいてくださいね。それと、カジカジだけなら大丈夫ですが、素材をのみ込んでいたらすぐにやめさせましょう。そ嚢（のう）（157ページ）に素材がたまって、病気になることも。遊ぶときは目を離さないでくださいね。

うーん、ウンチが出ない〜

#行動　#おしりを振る

おしりを振って、ちょっといきんでいます

わたしたちインコは、飛ぶ前に必ずといっていいほどウンチをします。これは、少しでも体を軽くしてから飛んだほうがラクだから。それくらい頻繁に排せつするもの、ともいえます。裏を返せば、だから、ウンチをする前におしりを振ったり、ちょっと苦労しているようだったりしたら、ちょっとした便秘のサインなんです。なかなか出ないのってつらいんですよね。完全にウンチが出ないとなると、これはもう一大事ですから、すぐに病院に行きましょう。

飼い主さんへ　便秘の原因はさまざまですが、おもな理由は運動不足。放鳥したら積極的に遊ぶなどして、運動量を増やすようにしましょう。飼い主さんの工夫次第で、飛ぶ機会や歩く機会はたくさん増やせます。飼い主さんもいっしょに動いてダイエットしましょうよ♪

Column

オシッコってなに？

よく飼い主さんたちの会話から「ちょっと大きいほうが……」って聞こえますけど、あれってなんですか？　人間は、排せつが「オシッコ」と「ウンチ」の2種類に分かれているということを知ってびっくりしました！　わたしたちはそんなめんどうな仕組みにはなっていません。全部いっぺんに出しちゃうんです。オシッコ的なものは、白い尿酸。ウンチは濃い緑がかった色をしているのが一般的です。ただし、食べたものの色を反映しやすいので、にんじんや赤いペレットを食べたら、ウンチも似たような色になります。

ウンチがいつもと違う色やにおいをしていたら、注意してくださいね！　わたしたちも人間と同じように鮮血便を出したり、消化機能がうまく働いていないと、食べたものをそのまま出したりすることがあります。健康チェックはウンチからですよ！

4章

イソコの不思議な行動

大きいウンチが出た〜！

＃行動　＃大きいウンチをする

産卵の準備をしています

さあ、インコの保健の授業です！　わたしたちインコって、ウンチをするのも産卵をするのも、「総排せつ腔」とよばれる穴からです。だから、卵が体の中にできはじめると同時に、体が産卵に向けて準備をはじめます。総排せつ腔から大きな卵が出やすいように、少しずつ穴を広げていきます。だから、いつもより大きめのウンチが出てびっくりしちゃうかもしれません。お母さんになる準備ですから、恥ずかしがらなくても大丈夫ですよ♪

飼い主さんへ　はじめての出産、もとい産卵のときはドキドキしちゃいますよね……。とはいえ、卵ができてしまった以上、産卵前に飼い主さんができることはそれほどありません。あわてずに、見守ってください。産湯をわかしたりしなくても大丈夫ですから!!

せまい場所に入りたい〜

#行動 #せまい場所に入る

巣かな？ 好奇心が刺激されちゃいますね

わたしたちの大好きな放鳥タイム。いろんなものがあって楽しくて、好奇心も止まりません!! なかでも、せまくて暗いところを見つけると、中をのぞき込まずにはいられません。勇気があるインコは、ティッシュペーパーの空き箱やビンの中にも、ぐいぐい入っちゃいますね。野生では、敵から身を隠せる場所をつねに探しているインコ。その名残なのか、せまくて暗いところはチェックせずにはいられないのです。くれぐれも、出られなくならないように注意しましょうね！

飼い主さんへ

せまくて暗いところ好きのインコはかわいいものですが、もし、そこにずっと入って落ち着いているようだと要注意。インコにとって「巣」になってしまい、余計な発情を招くきっかけになりかねません。のぞいて遊ばせる程度にとどめましょう。

見えないなにかにぶつかる〜!!

#行動　#窓にぶつかる

それはガラスの窓です!!

すごく視力がよいわたしたち（138ページ）。それでも、透明なガラスは見えません。そんなの、インコの世界にはないから、わからなくて当然なんです。ガラスの窓の先に見える青空を目指してはばたき、見事にぶつかって落鳥……、というおそろしい事故があるとか。しかも、わたしたちには明るい方向に向かって飛ぶという習性があります。ガラスの先の太陽の光を感じて飛んでいくってことを、変えられないんです。これぱっかりは、わたしたちにもどうにもなりません。

飼い主さんへ　放鳥するときは窓の外が見えないよう、窓にカーテンを掛けましょう。また、窓ガラスにすりガラス風のフィルムなどを貼るのもおすすめです。とにかく、インコにガラス窓を直接見せないようにしてください。もちろん、窓も閉めて脱走対策もお願いしますよ！

小さなおうち!? 心がときめく……

#行動　#ティッシュボックスに入る

メスのあなた、巣に見えていますね？

まだあなたが赤ちゃんだったころを思い出してみてください。覚えていますか？　母鳥のぬくもり、そして、あたたかく小さな巣のことを……。インコは、通常「巣」で産卵をし、ヒナの子育てをします。そうした本能がわたしたちの体に残っているのでしょうね。たとえば空のティッシュボックスに入り込んだときなんかも「これ、巣かも!?」と思って発情のきっかけになることがあります。巣を思い出すのはオスも同じこと。郷土愛のようなものかもしれませんね。

飼い主さんへ　インコがメスの場合、巣になるようなものを与えると過剰な発情を招くきっかけになることがあります。ツボ巣などはNG。また、バードテントもインコによっては巣と勘違いして発情しやすくなるので、異変がないか、ようすを見てあげてくださいね。

どんどん卵が産まれちゃう〜

＃行動　＃卵を産む

卵の産みすぎには要注意です!!

わたしたちインコは、たとえ1羽で暮らしていたとしても、卵を産むことができる体のつくりになっています。1羽だけで産んだ卵のことを、「無精卵」といい、きちんと交尾をして産んだ卵は、「有精卵」といいます。メスのインコが飼い主さんやおもちゃ、はたまた鏡に映った自分をパートナーと決めると、発情モードにスイッチオン！　やがてその思いが募ると、卵を産むというわけなのです。本来であれば、こうした産卵は1年に1〜2回がベストといわれています。

飼い主さんへ　よく聞くのが、オスだと思っていたのにある日、卵を産んでメスだと判明した……という例。「太郎ちゃん」というメスも知り合いにいますよ。一般的な発情・産卵（49ページ）であれば、それは健康な証拠。しかし、多すぎる産卵は要注意です！

Column

もしも卵が産まれたら!?

あらあら、セキセイインコさんは飼い主さんへの愛が止まらず、頻繁に発情して産卵しているようですね。卵に驚いた飼い主さんが卵を回収し、卵がないことに気づいたセキセイインコさんがまた産卵する……。これでは、発情と産卵の悪循環で、セキセイインコさんの体の負担が大きくなってしまいます。

飼い主さんは、急に出てきた卵にびっくりしたようですね。インコの正しい繁殖周期（49ページ）の中には「抱卵期」も含まれています。ちゃんと卵を抱かないと、一連の繁殖周期を正しく終えることができないのです。なかには産んだ卵を食べたり、割ったりする子もいます。そんな子は、「偽卵（ぎらん）」を抱くといいですよ。飼い主さんが用意してあげてくださいね。

鏡の中にだれかいるよ♪

#行動　#鏡を見る

それは鏡に映ったあなた自身です

「鏡」というピカピカしたものに映る、見知らぬインコを見たことがありませんか？　そこに映っているのは、自分とよく似た世界に暮らしている、名前も知らないもう1羽……。とあるセキセイインコくんはその姿にひとめぼれ。せっせと求愛の「吐き戻し」を鏡にこすりつけていると聞きました。でも実はこれ、人間の世界で生み出された「自分を映すもの」なのです。すなわち、鏡に映っているのはあなたの姿！　恋をしていたのはなんと、あなた自身だったのですね〜。

飼い主さんへ

「うちの子ってナルシストなのよね〜」なんて、笑わないでください。こっちは、別のインコだと思って真剣に恋をしているんですから。もしかして、なかには鏡のしくみに気づいて「おれって男前♥」なんて思っているインコもいるかもしれませんけど……。

床を掘るよ〜

#行動　#床を掘る

ホリ
ホリ

興奮して遊んでいます♪

わたしも、床を掘るのが大好きです！　大判小判が隠れているかもしれないから、探しているんじゃないかって？　もしも見つかったら、いつもよりゴージャスなごはんが出てきてハッピー♥　ですが、残念。そういうわけじゃないのです。床を掘るしぐさをするのは、遊びの一環で、熱中して興奮状態になっているということ。とくに、ヨウムがよく行う遊びです。遊びであっても夢中になれることがあるって、わたしたちインコにとって幸せなんです♪

飼い主さんへ　特定のところを掘り続けるから、壁や床がダメになっちゃうとお嘆きの飼い主さん。インコをお迎えする以上は、ある程度の傷は許してあげてください。最近は、張り替えられるフローリングシートなどもありますから、DIYでなんとかカバーしてください！

紙を切って、愛の巣を作るよ♥

#行動　#紙を細く切る

コザクラインコならではの巣作り方法です

コザクラインコさん、またこんなに、せっせせっせと紙を細く切っているんですね。ほかの種類のインコには見られない、あなたならではの行動ですよね。本来はメスのみがする「巣作り」の行動ですが、オスでも行う子もいるようです。紙を細くちぎったあとに、尾羽に挿して巣となる場所へ持って行く子もいます。一直線に紙を切るさまは、お見事としか言いようがありません。どうしてこんなに細く、しかも一定の大きさに切れるのか……。本能ってすごいですよねえ。

飼い主さんへ　頑丈なくちばしは、分厚い紙や本まできれいに切りとってしまいます。大事なものは隠してくださいね。また、巣作りは、産卵の準備でもあります。メスの場合で、あまりに産卵が続く「過発情」の状態なら発情をさせない対策をとりましょう。

飼い主さんの手でコロコロ〜

#行動　#ニギコロ

おなかを見せてすべてをゆだねましょう

飼い主さんに握られて、裏返しにされてたですって!? 大事なおなかを見せてもいやな気持ちにならなければ、それはあなたが飼い主さんを信頼している証拠。でも、すべてのインコができるわけではないのです。この「ニギコロ」が得意なのは、ウロコインコやコザクラインコ、サザナミインコ。個体差もあるので、できるかできないかはインコ次第です。野生下で木のうろ（穴）を寝床にしているコガネメキシコインコなどは、あお向けになって床で眠ることもあります。

飼い主さんへ　ニギコロは信頼の証しですが、できないからといって愛がないわけじゃないんですよ。個体差や飼い主さんとの相性もあるのです。ニギコロをしたいなら、わたしたちがリラックスしているときや、なでてほしいときにチャレンジしてくださいね。

ワクワク！

#行動　#冠羽が立つ

興奮したときは冠羽がピーンと立ちます

モモイロインコやオカメインコなどオウム科のインコがもつ冠羽は、感情を表すアンテナのようなものです。ほら、あそこにいるモモイロインコさんを見てください。冠羽が立っているでしょう。あれは「わあ！これはなに？」と驚きつつも興味があってワクワクしているということです。加えて「ピッ」と鳴いたときは、ものすごく興味があるものを見つけたということでしょう。また、「ちょっと！　なんだよ！」という怒りを感じながらの驚きを表すこともあります。

飼い主さんへ　冠羽をもつオウム科のインコは、感情によって冠羽が動くので、飼い主さんも感情を読みとりやすいのではないでしょうか。ただし、冠羽だけを頼りにせず、しぐさや行動をよく見てインコからのサインを見逃さないようにしましょう。

Column

感情バロメーター「冠羽」のアレコレ

オウム科特有の冠羽は、その動きを見れば感情を把握することができます。右ページのほかに、どのような動きがあるか見てみましょう。

冠羽が寝ている

まったりとリラックス中です。落ち着いて過ごしていたい気分なので、邪魔しないでくださいね♪

冠羽が少しだけ寝ている

心細くて不安な気持ちです。近くになにかおびえるようなものがあるのかもしれません。

冠羽が上下に動く

飛びつくほどではないけれど好奇心をくすぐられている、ちょっとこわいけど挑戦したい、という判断に迷っている状況です。

ぼくたちがもつ冠羽って、気持ちがわかりやすいでしょう？ みんなもっていたら、空気が読みやすいんだけどなあ。ぼくの飼い主さんは、冠羽が少し寝ていると不安になっていることを察して、「大丈夫だよ。こわくないよ」と声をかけてくれるから安心できるんだ〜。

ギャーーッ！　こわいーーっ！

＃行動　＃オカメパニック

臆病なオカメインコはパニックになりがち

オカメインコさん！　落ち着いてください！　オカメインコは、インコの中でもとくに臆病な性格です。聞き慣れない音に驚いたり、こわい夢を見たりするとパニックを起こして、叫びながらケージの中を飛び回ることがあります。今回はケガをしなかったようですが、なかにはケージに顔や翼をぶつけてケガをすることだってあるのです。え、オカメインコ以外のインコもパニックを起こすって？　それはもしかしたら、ダニが発生していやがっているのかもしれません。

飼い主さんへ

「オカメパニック」は夜間に多く、ケガをする可能性もあります。パニックを起こしたら、飼い主さんが「大丈夫だよ」とやさしく声をかければ少しずつ落ち着きますよ。あわてて駆けつけると、その音がパニックを助長するので注意しましょう。

ぼくはおしゃべりが得意なの！

#行動　#よくしゃべる　#おしゃべりしない

セキセイインコのオスはおしゃべりじょうず

インコの中でも、おしゃべりが得意なインコとそうでないインコがいます。おしゃべりマスターといえば、セキセイインコのオスです。短文でも長文でもお手のもの！　飼い主さんの声をよく聞いて、言葉の練習を重ねます。ただし、おしゃべりが得意といわれるセキセイインコにも、「しゃべりたくない！」という子はいますから、「あいつ、しゃべれないんだって」なんてことは言わないでくださいよ。もちろんヨウムであるわたしも、おしゃべりは大好きですよ～！

飼い主さんへ　「インコとおしゃべりをしたい！」と意気込んでいた飼い主さんもいると思いますが、おしゃべりするかしないかは個性によるところが大きいもの。おしゃべりしないからといって強要するのは、飼い主さんの単なるわがままです。

ひとやすみ

くちばしでコンコン

たのしっ！
コンコン

めちゃ
たのしーっ！
コンコン

せっかくだから
みんなで
バンド組もうぜ！
イイネー♪

コンコン
コンコン
コンコン

ティッシュばこ

あ！
なにここ！
無性に入りたい気分！

キャー！
なにここ！
快適そうじゃない！

住みやすいように
リフォームしましょ！
もぞもぞ
ティッシュ
どこかしら？
あ！ あった♪

玄関できてるー！

5章

体のヒミツ

「なんで飛べるの?」「なんで鼻がないの?」。

そんなインコの体のヒミツを教えちゃいます。

ぼくたちって目がいいの？

#体　#視力　#視野

視力は人間の3～4倍、視野は330度あります

さあ、あらためて鏡を見てみましょう。わたしたちインコの目は、くちばしを境にして、頭の側面についていますよね。ほ乳類である人間の飼い主さんと見比べてみてください。だいぶ違いませんか？　わたしたちインコは片目だけでも180度、両目だと330度もの視野があるんですよ。野生下で生き残るためには、外敵から襲われないことがなにより大切。いつも周囲を警戒するために、視力や視野が発達したと考えられているんですよ。

飼い主さんへ　インコたちは視力がよいぶん、人間の目では見えにくい小さい虫やゴミが気になって、つい見つめてしまうことも。どこかをジーッと見ていたら、なにかあるのかも？　でもオバケとかは見えていないはずなので、安心してくださいね。

見える色がたくさん⁉

＃体　＃色の判別

紫外線まで見える まさに色トリドリな世界！

ちょっと知っていましたか？　わたしたちインコは、色覚があるうえに紫外線の色まで判別することができますが、人間には紫外線の色が見えないようですよ。鳥類は、動物の中でも視覚がもっとも発達しているといわれています。わたしたちにとって、紫外線が見えない世界を想像するのはむずかしいものですが、さぞつまらない世界でしょうねえ。それでも、わたしたちインコと人間は、色覚を通して同じ景色を見ているからこそ、仲よく暮らしていけるのかもしれませんね。

飼い主さんへ　いろんな色を認識しているぶん、「色の好み」もそれぞれあるようです。はっきりとわかってはいませんが、ほとんどのインコが黒くて大きいものはこわがる傾向にあります。いっしょに暮らしている飼い主さんなら、わたしの好きな色がわかるかな……？

必殺！逆ウインク★

＃体　＃まぶた

第三のまぶた、瞬膜に注目

飼い主さんが目をつぶるところを観察してみましょう。今、上から下に向かってまぶたを動かしましたよね。今度はわたしの番です。下から上に、まぶたをとじているのがわかりますか？　正しくは、「瞬膜」という半透明の膜を動かしています。瞬膜で眼球を覆った状態でも、ほぼ見えているといわれています。大事な目を傷つけないために、瞬膜で保護しているのです。でも瞬膜がないのって、人間ぐらいかもしれません。そんなにガードが弱くて大丈夫なんでしょうかねえ。

飼い主さんへ　実は、瞬膜は飼い主さんによく見せているんですよ。ほら、飼い主さんにカキカキしてもらうときにうっとりと目をつぶるじゃないですか。そのとき見えるのが瞬膜です。カキカキは、人間が温泉に入って「くう〜、たまらない〜」って言うのと同じなのです。

Column

スクープ!?
実はかなり目が大きいんです♥

よく、つぶらな瞳がかわいいって言われます。でもちょっと待ってください。つぶらに見えるかもしれませんが、眼球自体はものすご〜く大きいんです！ 人間の女性は、目をより大きく見せるために必死だと聞いたことがありますが、インコは「能ある鷹は爪を隠す」よろしく、大きな瞳はさりげなく隠しているのです♪ 下の図を見てみてください。こんなに大きな眼球があるんですよ。もう目が小さいなんて言わせません！

わたしたちインコは単に「目がいい」だけではありません。優れた視力が脳にもたらす情報は非常に膨大です。そして、その膨大なデータを処理できるほど脳のスペックが非常に高いというのがポイント。「トリアタマ！」なーんて差別的な発言はお控えくださいね♪

わたしって、鼻がない!?

＃体　＃鼻がない

きみは鼻があるね

羽毛の奥にちゃんとあるんです!

セキセイインコさんを見て、自分の鼻がないことに気づいたコザクラインコさん。セキセイインコにある大きなロウ膜（鼻孔）を見て、自分と違うことにショックを受けたようですね。この話、インコ界のあるある話です。セキセイインコのくちばしの上には、見るからにはっきりとわかる鼻の穴があります。これに対し、コザクラインコは一見鼻がないように見えますが、実は羽毛に隠れているだけ。ちゃんと鼻の穴があるので、安心してくださいね!

飼い主さんへ　いま説明したように、インコの鼻には2種類あります。外に露出している鼻は、セキセイインコやオカメインコなど乾燥地帯に住むインコに多く、羽毛で隠れている鼻は、コザクラインコやボタンインコなどの雨が多い地帯に住むインコに多いといわれています。

これは、なんのニオイ？

#体　#ニオイ

実はニオイにはちょっと鈍感

食いしん坊って思われがちなわたしたち。確かにそこは否定しませんが、人間みたいに「ニオイだけでごはんが食べられる！」とかそんな下品なことは言いません。むしろ、ニオイには敏感ではないのです。ほ乳類のみなさんは、獲物を探すときニオイを手掛かりに探すといいますよね。でも、インコは昼の明るい時間に活動します。そのため、昼間は目で見えることで得られる情報量が多いので、あまりニオイを気にする必要がなかったのです。

飼い主さんへ　ニオイに鈍感といっても、飼い主さんがお風呂に入らない、歯をみがかないのはNG！　多少なりとも感じていますから……。そもそも、清潔にすることは人間にとってもインコにとってもエチケットですから、ニオイを発する前にどうにかしてください！

く、苦しくなってきた……

#体　#煙は危険　#アロマオイルは危険

揮発性物質はNGです！

嗅覚があまり発達していないというところから、よく勘違いされてしまうのですが、わたしたちの体は煙や揮発物を吸入するだけで命にかかわることがあります。飼い主さんにとっては気にならない料理の煙やタバコの煙も、わたしたちにとってはこわいものなのです。アロマオイルやネイルなどの揮発性物質にも敏感。吸う空気を選ぶなんて、わたしたちインコにはできないこと。これぱっかりは飼い主さんに気をつけてもらうしかありません。

飼い主さんへ インコの体内では、揮発性物質が分解できずに中毒症状を起こしてしまいます。そのまま症状が進み、命を落とすケースが少なくありません。何度もくり返しますが、飼い主さんが暮らしの中で気をつけてくださいね。

耳、ちゃんとありますぅ

#体　#耳がない

インコの耳はほっぺの奥についています

ほかの動物みたいに、ぱっと見てわかるような耳がないので、「耳がないの？」とよく聞かれますよね。実は、くちばしの後方に耳の穴がちゃんとあるのです！　そもそも、インコはコミュニケーションツールとして「声」をすごく大事にする生きものですから、声を聞くための耳がよく発達しています。「どこから音が聞こえるのかな？」とせわしなく首を動かしているときは、頭全体をアンテナみたいにして、どの角度が聞きとりやすいかを調べているんですよ。

飼い主さんへ　インコは耳がよくても、低い音はちょっと聞きとりづらいのです。わたしたちに話しかけるときは、なるべく高い声を使ってくださいね。口笛なんか、すごく聞きとりやすいんですよ。「あれ、飼い主さんってインコなの？」と勘違いしちゃうかもしれません。

自慢の大胸筋を見てよ！

＃体　＃マッチョ

隠れマッチョなんですよ

わたしたちインコってフワフワな羽毛に包まれているうえに足も細いし、スリムではかない存在って思われることが多いですね。でも実は、胸の筋肉がすごくマッチョなんですよ！　大きな翼を動かして飛ぶためには、立派な筋肉が必要なのです。この筋肉が衰えると飛べなくなってしまいます。太りぎみのインコに多いのが、胸肉がブヨブヨになって、翼を動かすのもおっくうになってしまうパターン。飛んでこそインコですから、スタイルを維持したいですよね。

飼い主さんへ

「胸肉」と聞いて飼い主さんはスーパーで売っているアレを思い浮かべるかもしれません。ニワトリなどの胸肉と同じです。赤みがかって筋肉質で大きい胸肉は「竜骨突起」という立派な骨の上に乗っています。気になったらお医者さんに聞いてみてください。

骨がスカスカって本当……？

#体　#骨

本当。でもしっかりしたつくりです！

飛ぶってすごいことだと思いませんか？　わたしたちインコの体には飛行機みたいなエンジンはありません。大きな翼で自分の体を空高く飛ばすには、さまざまな工夫をしているのです。そのためのひとつの手段として、とにかく体を軽量化しています。その努力はなんと骨にまで……！　「含気骨（がんきこつ）」とよばれる、空気を含んだ軽い骨の構造になっています。X線写真で見ると、なんとスカスカ……。骨密度は人間より低いかもしれませんが、それが本来の構造なんです。

飼い主さんへ　骨の重さは、体重の5%といわれています。ただ空洞なだけでなく、骨の中には細かな筋のようなものがいくつもあり、それで強度を保っています。これはトラス構造という、人間がつくる橋のつくりにそっくり。あれ、もしかしてまねしましたか？

5章　体のヒミツ

空気を貯蔵できるんだ！

＃体　＃空気の貯蔵庫

特別な呼吸器、〝気嚢(きのう)〟がカギ

日本ではケージの中で過ごすことが多いわたしたちですが、野生下では野鳥のように、空高く飛んで暮らしています。オーストラリアに暮らすオカメインコやセキセイインコはとくにスピードが速く、長時間の飛行もこなします。しかし、酸素が薄い上空で飛び続けるのは、かなりの運動量。息切れせずに飛び続けるヒケツは、特殊な体のつくりです。つねに新鮮な空気を吸入できるように「気嚢」という空気の貯蔵庫のようなものをもっているんですよ♪

飼い主さんへ　ここまでで、わたしたちインコが飛ぶために、どれだけ特別な進化をとげてきたか、ちょっぴり理解してもらえたかと思います。だからこそ、毎日の放鳥は絶対に忘れないでくださいね♪　飛ぶためにつくられたこの体、たくさん運動させてください♥

テクテク、歩くのも好き〜

＃体　＃歩く

樹の上で生活していた名残

飛ぶことはインコの基本の行動。でも、移動距離がそこまで長くなければ、テクテクと地面を歩いていくのも好きなのがわたしたちインコなんです。鳥だからって飛び続けたら疲れちゃいますからね。とくに中型以上のインコの足はとても器用。体が大きいから飛ぶのよりラクという理由もありますし、体が大きければ大きいほど足は大きく発達して歩行に向いています。もともと生活の基本は樹の上。枝を歩いて渡る習性がどうやら残っているみたいですね。

飼い主さんへ　実はわたしたちの中には、飛ぶことよりも地面を歩くのが好きな子もいるんです。飼い主さんの後ろを地面を歩いて追っかけたり（50ページ）、地面をピョンピョン跳んでかまってアピールをしたりする（69ページ）子もいます。

足でごはんはお行儀が悪い？

＃体　＃足でごはんをつかむ

正しいインコのごはんマナー！

大好物は、足で器用につかんで持ち上げて、くちばしの前まで持ってきてから、パクリ、ムシャムシャ。これがわたしたちインコの正しいお食事作法のひとつといっても過言ではありません。インコの足は対趾足(たいしそく)とよばれ、前側に2本、後ろ側に2本の計4本の足指(趾(ゆび))から成り立ちます。スズメなどの足は三前趾足(さんぜんしそく)。前側に3本、後ろに1本で、ものをつかむというよりは歩いたり泳いだりするのに適した構造。同じ鳥類でも、体のしくみが異なるんです。

飼い主さんへ　趾が器用なわたしたちだから、止まり木に止まりながら、片足を上げてジャンケンなんてこともできちゃいます。ジャンケンまでいかなくても、もしわたしたちが片足を上げてブラブラさせていたら、ちょっと遊びたいな～のサイン。かまってくださいね♪

くちばしも器用に使えるよ♪

くちばしは第三の足!?

鳥種にもよりますが、インコは顔の半分ほどを、大きなくちばしが占めています。とくにコザクラインコやボタンインコは小さな体のわりにとても大きなくちばしをもっています。ごはんを食べるときにシードの皮を器用にむくなどの細かい作業から、かたいものをかみ砕くことまで、なんでもこなします。繊細な羽づくろいの作業にも欠かせません。ときにはケンカの武器になることも。その破壊力は、相手のインコを病院送りにすることがあるほど。おそるべし、くちばし。

飼い主さんへ　リモコンのボタンをかじられたなど、くちばしが器用なインコからのいたずらにめげていませんか？　もしお困りの場合は、かじられてもよい素材のおもちゃをあげてみてくださいね。わたしたちもくちばしで破壊する楽しみが得られてまさに一石二鳥♪

食べものの好みだってあるもん♪

＃体　＃食べものの好み

味覚だってあるんです

わたしたちインコにも、好ききらいがあります。実は口の中に、人間などと同じように「味蕾（みらい）」という味を判別する感覚器官があるんです。そこでは、甘味・酸味・苦味・塩味・うま味の5種類の味覚を感じています。動物はこの「味蕾」の多さで「グルメかどうか」が決まってくるともいえます。なんとインコは、鳥類の中でも飛び抜けて多いとか！　ニワトリの20倍、アヒルの2倍ともいわれています。好ききらいが激しいのは、豊かな味覚をもっているからなんですね。

飼い主さんへ　こんなことを言うのは、おやつが大好きなわたしとしてもつらいのですが、インコのわがままを許してはいけません。「うちの子、グルメだから仕方ないわ」という過保護な飼い主さんが、おねだりに負けておやつをあげすぎたりすると、肥満になりますよ！

インコって辛党!?

#体　#辛いものが好き

辛いものが好きなのではなく、辛味に鈍感なんです

海外のインコ用フードの中には「トウガラシ入り」のものがあるの、知っていましたか？　わたしは昔、ドイツのお土産でもらったことがあるんですよ。どこかいつも食べているフードとは違う感じがおもしろい、不思議な味わいでした。辛味は「味蕾」ではなく、痛みを感じる「痛覚」の一部として感じるそうです。だからわたしたちインコは「トウガラシをたくさん食べられるから辛党」というわけではなく、「辛いものを辛いと感じない」というほうが正しいようですね。

飼い主さんへ インコは舌で感じる痛覚が鈍いため、辛さをあまり感じません。だからといって、辛いものが好きというわけではないのです。「辛いものが平気なんだ〜」と、ごはんに七味唐辛子をかけたりするのは、やめてくださいね。

平熱は40度！

＃体　＃平熱

つねに燃えているから体温が高いのです！

冬になると、飼い主さんがわたしたちを手のひらに乗せて「あったか〜い」となぜかありがたがられることがありますよね。あれって、わたしたちは人間より4度くらい平熱が高いからなんです。わたしたちの体は、つねに飛ぶためのエネルギーをつくり出すべく、体の中で食べたものをつねに燃やして、高い体温を維持しているんです。「いつでも飛べますよ！」っていうウォーミングアップ状態。意識が高いアスリートみたいでかっこいいって思いません？

飼い主さんへ　わたしたちインコは、体温のもととなるエネルギーを食べものから得ています。体調を崩しているときは食欲が低下し、体温維持がむずかしくなりがちです。体温低下はインコの体調不良の大事なシグナル。膨羽（98ページ）には要注意です！

ごはんは丸のみ！

＃体　＃歯がない

インコには歯がありません

先生も最近知ったのですが、どうやら人間やほかの生きものには口の中に「歯」というものがあるとか……。しかもその歯がなくなったりして、ごはんを食べられなくなることもあるとか、ちょっとびっくりですよね。わたしたちインコには、そもそも「歯」がありません。食べものは基本的に丸のみするので、歯は必要ないのです。かたいくちばしはアゴのような役割を果たします。ごはんを口に入れて丸のみしたあとは、胃の中で食べものをすりつぶして消化します。

飼い主さんへ

わたしたちインコが食べるところ、よーく見てください。人間でいう「モグモグ」というのがないことに気づきませんか？　そう、インコは「咀嚼（そしゃく）」をしません。だから、食べながら寝るとか、食べながらおしゃべりとか、そんなお行儀が悪いこともしないんです。

胃がふたつある⁉

＃体　＃胃がふたつ

ふたつの胃で念入りに消化します♪

155ページでふれたように、インコはくちばしで咀嚼しません。だから、食べたものは胃で細かく、念入りに消化するんです。そのために胃がふたつもあるんですね！　ひとつ目は「前胃（腺胃）」。胃液を分泌して、ごはんを溶かして次の胃に送ります。ふたつ目の胃は「後胃（筋胃）」。砂肝とよばれるもので、人間は晩酌のおつまみにするとか……。コリコリとしているのは、強い筋肉の塊だからなのです。後胃でシード類のかたいところも難なく消化しているというわけです。

飼い主さんへ　なかなか奥が深いのがわたしたちインコです。たとえば、シードではなく、フルーツや花の蜜を主食とするインコは、後胃があまり発達していません。主食に合わせた体のつくりになっていること、知っておいてくださいね。

Column

食べものの消化ルート

ほかの生きものは、歯やキバで食べものを小さくかみくだきますが、インコはそれができません。だから、かたいシードでも丸のみし、そのあとにまずは「そ嚢（のう）」に少しためて、食べものをふやかします。そのあと、前胃と後胃でしっかり消化。すい臓のすい液と肝臓の胆汁を使って小腸でさらに消化、そして栄養を吸収します。大腸を通って栄養をこしとったら、フンを総排せつ腔からポン！　これをインコは、人間よりも効率よく行っているのです。

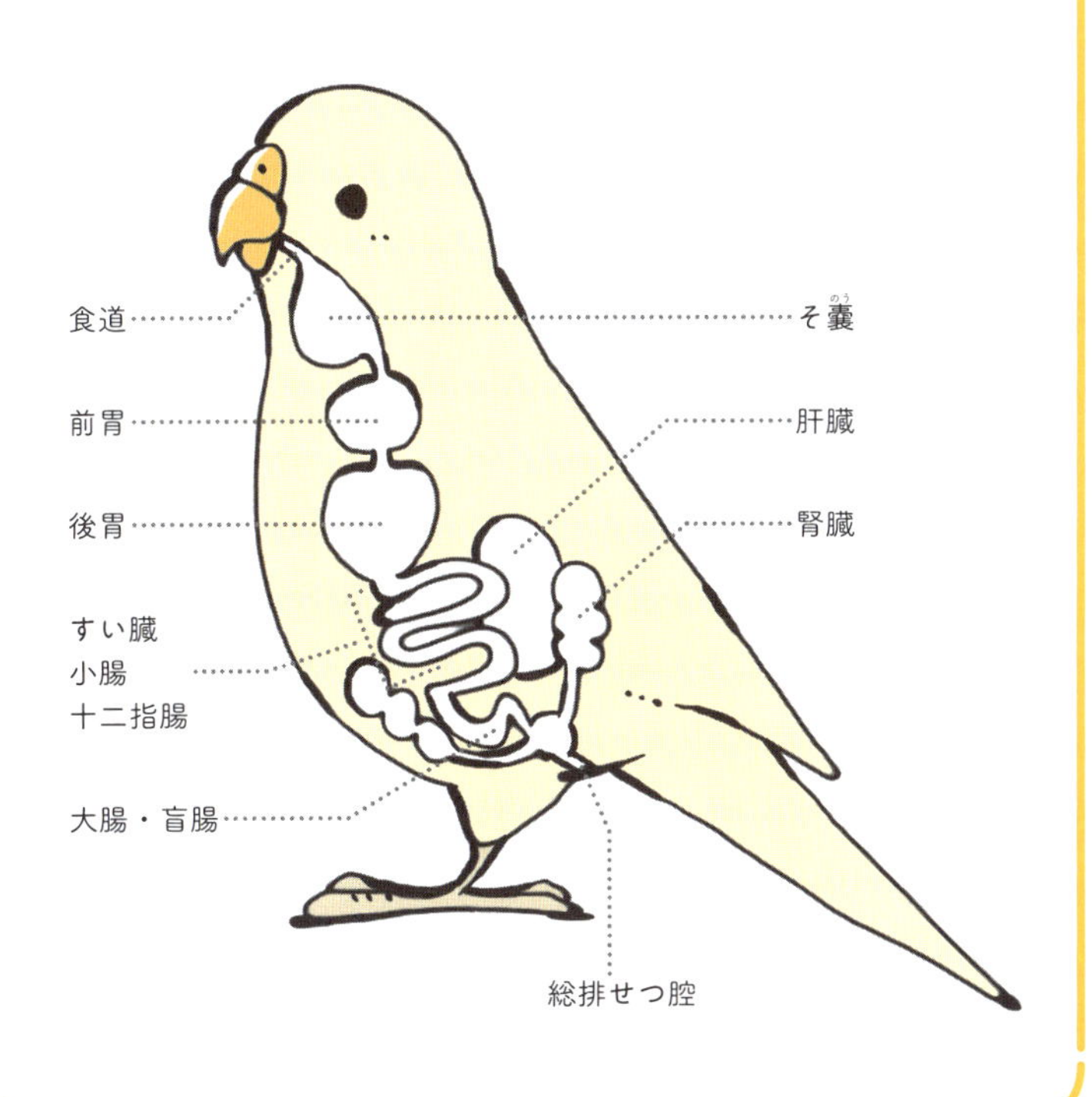

体から脂が出てくる⁉

＃体　＃尾脂腺

あわてないで！　それは大事な撥水機能！

体をねじって、おしりを見てみましょう。おしりのところ、ちょうど尾羽のつけ根のところに「尾脂腺」とよばれる機能がついています。ここから出る脂をくちばしですくいとり、羽づくろいのときに体中に行き渡らせます。尾脂腺は水辺で暮らすことが多いインコに発達していますが、乾燥地帯に住むオカメインコはほぼ未発達。さらに、大型のボウシインコには完全にないそうです。お湯で水浴びすると、この脂が溶けてしまって、カゼをひきやすくなるのでご注意を！

飼い主さんへ　尾脂腺、見たいですか？　デリケートなところなので、扱いに慣れていないとむずかしいかもしれません。「どうしても見たい！」っていう好奇心旺盛でインコみたいな飼い主さんは、水浴び後に体をフキフキしているときによーく観察してみてください！

フケが出ている？

#体　#フケのようなもの

それは「脂粉（しふん）」ですよ〜

とある日、オカメインコさんがセキセイインコさんに「羽づくろいするたびに出るそれってフケ？」と聞かれて、ショックだったみたいです。インコの中でも、とくに白い色のオウムは脂粉が多いといわれています。大型のキバタンやタイハクオウムからの脂粉はかなり大量！「脂粉」の正体はフケのようなものですが、まだわかっていないこともたくさんあります。でも、健康の証しなので安心してくださいね。防水機能の役割をもっているともいわれています。

飼い主さんへ 脂粉が出やすいタイプのインコをお迎えしたら、掃除はしっかり行いましょう！　脂粉の量をあなどっていると、ちりも積もれば山となるものです。なかには「脂粉フェチ」といいますが、香ばしいこのにおいが大好きな飼い主さんもいるみたいです。

大きな声でアピール！

＃体　＃声の大きさ

鳴くことがコミュニケーションですから！

群れで暮らしているわたしたちにとって、ご近所付き合いは大切なこと。そんなご近所さんとは、声を使ってコミュニケーションをとっていますから、声で物事を伝えようと大きな声で鳴くこともあります。小さい体のコザクラインコも、興奮すると体に似合わない大きな声で叫びます。飼い主さんに迷惑をかけないように……とは思いますが、声の大きさについてはわたしたちにはどうにもできないんですよね。そのかわり、きれいなさえずりだって聞かせますから♪

飼い主さんへ　大型のインコの中には、耳がキーンとしてしまう雄鶏のような「オタケビ」を上げる種類もいます。大きな白色オウムさんなどのオタケビはすごいもの！　でも、どうして鳴くのか、わたしたちが声を出す理由をまずは考えてほしいのです。

Column

こんなときは大声で鳴く!

わたしたちには、大声を出さざるを得ない事情があるんです。その事情を飼い主さんがわかってくれるとよいのですが……。

さびしい

ひとりぼっちはとくにきらい。仲間外れにされたかも!? と少しでも感じるとついつい存在を声でアピール。

ちょうだい!

食いしん坊で、ちょっとわがままなタイプだと、決まった時間にごはんをくれないと大声で騒いじゃうことも。

ケージから出してもらえない、遊んでもらえない日が続くと、ケージの中で大騒ぎ!!

なんだ!?

窓の外にカラスやネコ……! ヒエー! という恐怖のオタケビです。ビビリだからこそ、ついつい大声に。

ぼくたちが鳴くのは、なにか意図があってのこと。原因究明を心掛けてくださいね! 「呼び鳴き」という、かまってほしくて大声を出すという困った行動をすることもあります（40ページ）。インコのわがままが強くなっている可能性が高いので、ちょっと悲しいけれど、「呼び鳴き」は基本的に無視するほうがいいみたい。

大事な羽が抜けていく!?

＃体　＃羽が抜ける

季節の変わり目は換羽の時期です

「ぼ、ぼくの自慢の羽が最近抜けてきちゃうんです……」と涙ながらに語ってきた若インコさん。大丈夫ですよ。わたしたちの体は、基本的に年1回ほど、羽毛が生えかわるしくみなんです。春や秋などの季節の変わり目に、バサッと羽が落ちても、季節に合わせた新しい羽が生えてくるので安心してくださいね。ほぼ一年中エアコンが稼働しているお宅に住んでいる場合は、季節の変わり目がわからず、それこそ一年を通してポツポツと羽が生えかわるそうですよ。

飼い主さんへ　「換羽」は「かんう」と読みます。が、老舗の鳥屋さんなんかは「とや」と読む方もいらっしゃいます。これは古くから伝わる日本の鷹匠の文化からきた言葉を、そのまま引き継いだもの。インコもタカも同じ鳥さんなんだなあと実感しちゃいますよね。

Column

換羽でいろんな羽コレクション

「羽」という一言にはおさまりきらないぐらい、わたしたちにはさまざまな形の羽が生えています。換羽で落ちた羽を集めてコレクションにするというインコ大好きな飼い主さんもいます。尾羽などの長い羽は、ペン先をつけて羽ペンにすることだってできちゃいますよ！

ダウン

綿羽

皮膚にもっとも近いところに生えるもの。保温用。

半綿羽

ももの部分の綿羽。小さくて、ほわほわしている。

フェザー

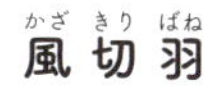

風切羽

飛ぶための羽。長くてキレイ！

尾羽

飛ぶ方向を変えるための羽。

羽づくろいはインコにとって、グッと仲を深める親睦のコミュニケーション。だから、もし飼い主さんが羽づくろいをしてくれたらすごく喜んじゃいます。でも、無理やり羽を抜くのはやめてくださいね。換羽の時期は、抜けかかった羽が体についていることがたまにあります。見つけたらやさしくとってあげてください。

ひとやすみ

気合

おい！
練習をサボるとは何事！
気合が足りん！
練習とかダルイし〜
気合とか古くさいし〜

な、なんだと・・・！
インコの熱い気合を
胸に手を当てて
感じてみろ！
ポンポン

ふん・・・そんなもの
感じるわけ・・・
ハッ
熱い・・・！
熱いよ！
先生！

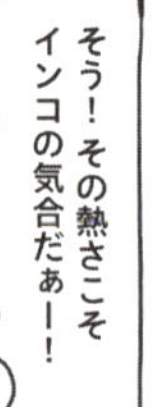
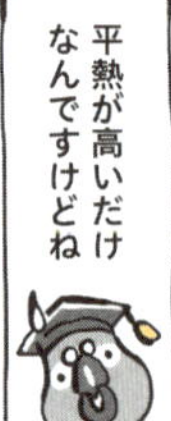

そう！その熱さこそ
インコの気合だぁー！
はしれー
オー
平熱が高いだけ
なんですけどね

どろぼう

ここが
どろぼうの現場か！

見てください！
脂粉が！
よし！
追ってみよう！

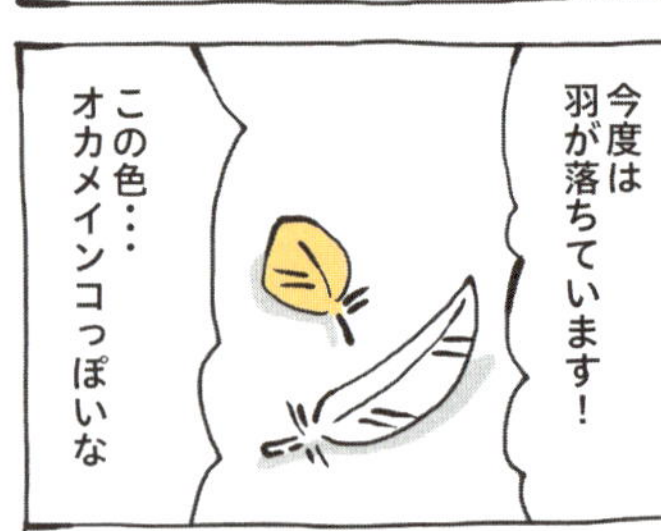

今度は
羽が落ちています！
この色・・・
オカメインコっぽいな

見つけたぞ！
ケージに入ってる！
なんておりこうな奴だ！
しまった!!
ついクセで!!
そのまま
逮捕だ！

6章 インコのトリビア

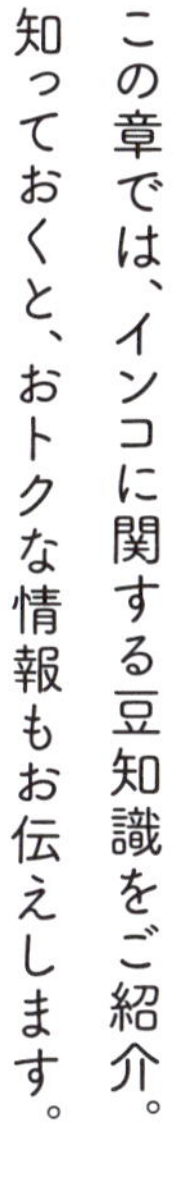

この章では、インコに関する豆知識をご紹介。
知っておくと、おトクな情報もお伝えします。

ぼくらの祖先が恐竜って本当!?

#トリビア　#祖先

その通り！もとをたどれば恐竜です

こんなに愛らしい姿をしたわたしたちの祖先が、大きくて迫力のある恐竜だなんて信じられませんよね。しかし、さまざまな研究により、インコを含む鳥類と恐竜の共通点がたくさん発見されています。たとえば、二足歩行や翼、くちばし、骨の構造、卵の抱き方。最近では、羽毛をまとった恐竜の化石が見つかったりしています。もしかしたらわたしたちの座右の銘である「愛に生きる」ことも、恐竜から受け継いだことなのかもしれませんね。

飼い主さんへ　恐竜の誕生は2億年ほど前のことですから、わたしたちは人間よりはるか昔から二足歩行をしていたということになりますね！　ちなみに「鳥類は恐竜の子孫」という説が唱えられたのは1860年代。こんな昔から知られていたとは驚きです。

ヨウム先生もインコなの？

#トリビア　#インコの種類

ヨウムもインコ。インコの仲間は約360種類！

今さらな質問な気もしますが（笑）。たしかに、セキセイインコさんとは、サイズも姿も色も違いますよね。でも、ヨウムであるわたしもインコ、あなたもインコ。というのも、インコは生物分類学上「オウム目」というグループ。そこに属しているインコは、約360種類もいるんです。その中で、さらに3つのグループに分かれます。冠羽と湾曲したくちばしをもつ「オウム科」、舌先がブラシ状で花の蜜やフルーツを主食とする「ヒインコ科」、それ以外の「インコ科」です。

飼い主さんへ　インコのグループ分けは、人間の学者によって意見がさまざまあるので、ここで紹介した3つが絶対とは言えないそうですよ。ちなみに、インコと暮らすなら、鳥種が変われば性格や性質も変わりますから、いっしょに暮らす鳥種のことをよく理解してくださいね。

Column

コンパニオンインコ大集合！

ここで紹介するのは、人間と暮らすことが多いインコたちです。

セキセイインコ

人間によくなつき、社交的。
オスはおしゃべりが得意。

生息地 オーストラリア南部
体長 約20cm
体重 約35g
寿命 8～12年

コザクラインコ

好奇心旺盛。愛情が深く、
ヤキモチ焼きの面も。

生息地 アフリカ南西部
体長 約15cm
体重 約50g
寿命 10～13年

ボタンインコ

情熱的な愛をもつ。コザクラインコに比べてやや内気。

生息地 アフリカ南部
体長 約14cm
体重 約40g
寿命 10～13年

オカメインコ

温和で、疑うことを知らない性格。とても臆病。

生息地 オーストラリア
体長 約30cm
体重 約90g
寿命 13～18年

ウロコインコ

活発で、おしゃべりが得意。
おちゃめな一面も。

- 生息地 南米
- 体長 約25cm
- 体重 約65g
- 寿命 13〜18年

シロハラインコ

活動的で、遊びやいたずらなど楽しいことを好む。

- 生息地 ブラジル
- 体長 約23cm
- 体重 約165g
- 寿命 約25年

モモイロインコ

人間と仲よくすることが好きで、遊ぶことも大好き。

- 生息地 オーストラリア
- 体長 約35cm
- 体重 約345g
- 寿命 約40年

マメルリハインコ

やんちゃな性格。
小さな体のわりに、
かむ力は強め。

- 生息地 南米
- 体長 約13cm
- 体重 約33g
- 寿命 10〜13年

ヨウム

賢さは鳥類トップクラス。デリケートで用心深い面も。

- 生息地 アフリカ
- 体長 約33cm
- 体重 約400g
- 寿命 約50年

野生のインコはどこに住んでいるの？

#トリビア　#出身地

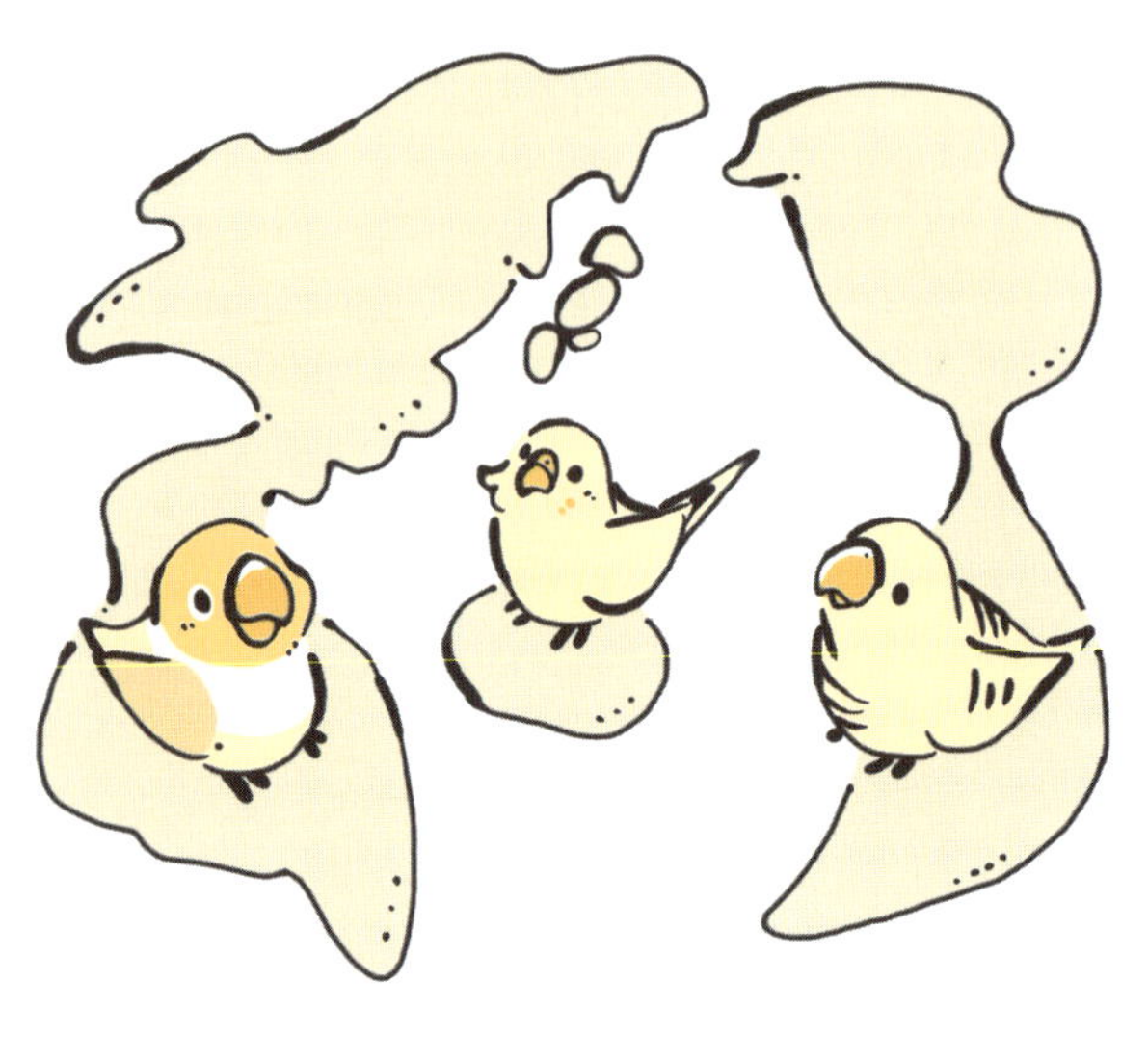

わたしたちの出身地は温暖な気候の土地

わたしたちが本来住んでいる場所は、熱帯地域。ヨウムやボタンインコ、コザクラインコはアフリカ、セキセイインコやオカメインコ、モモイロインコはオーストラリア、サザナミインコやマメルリハインコは南米の出身です。だから、暑さには比較的強いのですが、寒さには弱いんですよね。そのため、冬はヒーターでわたしたちの部屋をポカポカにしてくれないと、寒さで体調を崩してしまいます。あなたの飼い主さんは、ちゃんと寒さ対策をしてくれていますか？

飼い主さんへ　わたしたちの足が冷たかったり（97ページ）、羽を広げていたりしたら（108ページ）、温度調節がうまくいっていない証拠。体調を崩す原因になるので、季節に合わせた温度調節をしましょう。湿度も要チェック。50〜60％を保ってください。

野生のインコはひとり暮らし？

#トリビア　#群れ

50羽以上の群れで暮らしています

18ページで少しお話ししましたが、野生下のインコは群れで生活しています。天敵から身を守るために、ペアがたくさん集まって、群れをつくります。群れで生活しているのはインコだけではありません。イヌの仲間であるオオカミは10頭ほど、ライオンは20頭ほどの群れで暮らしています。え？　インコの数はどれくらいかって？　そうですねえ、大体50〜100羽ですが、ときには数千、数万羽の群れになることも。小型インコでもこの数になると、圧巻ですよね。

飼い主さんへ　野生下のインコが群れで生活しているからって、無理に新しい友達を連れてこようと思わないでくださいね。先住インコが新参インコと仲よくなれるとは限りませんし（61ページ）、インコどうしがパートナーになれば飼い主さんは見守るだけになるのですから。

寿命が100年のインコがいるの!?

#トリビア　#寿命

100歳を超えるご長寿インコもいます

100歳を超えるご長寿インコといえば、南米生まれのコンゴウインコの仲間でしょうか。個体差はありますが、彼らは長生きで有名。人間は、コンパニオンバードとよばれるわたしたちが短命だと思っているかもしれません。しかし、コンパニオンバードの中でも、コンゴウインコに限らず、ヨウムなどの大型インコなどは50年以上生きることもめずらしくありません。小型インコのセキセイインコやボタンインコ、コザクラインコの寿命も10年前後といわれています。

飼い主さんへ　飼い主さんが思っている以上に、わたしたちは長生きします。どんなインコといっしょに暮らすとしても、途中で手離さなければいけなくならないように、飼育環境はもちろんのこと、寿命も視野に入れてお迎えを決意してくださいね。

見た目で性別がわかる？

＃トリビア　＃性別

インコの性別は見た目ではわかりにくいのです

わたしたちインコは体の構造上、ぱっと見た目でオスかメスかは、人間にはわからないようです。インコの性器は羽に隠れてわかりにくいもの。あ、ちょっと裏返して見たりしないでくださいね？　それはさておき、性別がわかるようになるのは、成鳥になってからというケースもめずらしくありません。インコどうしはちゃんとわかっていますからご安心を。なかには、性別によって色がまったく違うインコもいるみたいですよ（174ページ）。

飼い主さんへ　インコのモテる条件は「色の鮮かさ」。人間の目で凝視しても、鮮かさの違いはわからないことでしょう。でもわたしたちは色だけで相手を判断しているわけではありません。やさしく接してくれるかどうか。そこがインコのハートをつかむポイントです♥

見た目が全然違うインコカップルがいる!?

#トリビア　#見た目の違い

オオハナインコさんのことですね！

インコ界では例外と言ってもよいほど、見た目で性別がはっきりわかるのがオオハナインコ。インコ界ではめずらしい存在ですが、ほかの鳥さんカップルを見てみましょう。オスは緑、メスは赤と紫のカラーリングです。クジャクやキジ、どちらもオスのほうが色鮮やかで、なにやらかっこいい飾り羽もついていますね。これはメスの気をひくためといわれています。その点、インコはオスもメスも平等にカラフル。見た目よりアプローチ勝負の恋愛なのかもしれませんね。

飼い主さんへ　ロウ膜（鼻孔）の状態や色によって性別を見分けることができます。一般的にセキセイインコならオスは色つやがよく、メスはカサカサしたうす茶色になるといわれています。羽の色や体調によってロウ膜の色が変化することもあるので、あくまでも参考です。

ヨウムは優等生？

＃トリビア　＃知能が高い

知能の高さは人間の3歳児並み！

「トリアタマ」なんてとんでもない！　そもそも鳥類は、道具を使ったり記憶したりと頭のよい生きものです。なかでも、大型インコは優秀。その知能の高さを世に示したのは、わたしの大先輩であるヨウムのアレックスさんと、その先生である人間のペッパーバーグ博士。アレックスさんは人間の言葉で簡単な会話をしたり、数を数えることができたりと、とても優秀なヨウムでした。その知能の高さは、「人間の3歳児並み」なんて言われていたようですね。

飼い主さんへ　知能が高いわたしたちだからこそ、心が発達し、愛情深く感情が豊かになったのかもしれません。「インコだからわからないでしょ」なんて言わず、対等な関係で愛情をもって接してくれたら、わたしたちはとってもうれしいのです。

夜型生活はやめてよ〜

#トリビア　#昼行性

生活パターンの基本は早寝早起き！

あなたの飼い主さんは、夜に活動して朝になると寝る「夜型」タイプみたいですね。これは、人間と暮らしているインコにありがちなお悩み。わたしたちインコは、日の出とともに起きて日没とともに寝る昼型タイプ、いわゆる「昼行性」ですから、飼い主さんに合わせた夜型生活には向いていません（ごく一部、例外のインコもいるみたいですが……）。夜型生活を続けていれば、体にも心にも負担がかかります。大きな病気をする前に、飼い主さんに気づいてほしい問題です。

飼い主さんへ　夜型生活の人間に合わせた生活リズムは、インコにとって負担です。無理をすれば、病気になったり飼い主さんがいやがることをしたりする原因になることも。できるだけインコと同じ朝型生活をしてほしいというのがわたしたちの願いです。

Column

インタビュー！ 規則正しい生活を送るインコ

わたしたちと生活リズムがずれている人間と暮らしながら、規則正しい生活を送るインコの一日をのぞいてみました。あなたと飼い主さんが快適に暮らすヒントがここにあります！

イワウロコインコくんの場合

朝 明かりがつく

いつも日がのぼる時間に、明かりがつくみたい。これがぼくの起きる合図。飼い主さんが起きてくると、外の光が入って一段と明るくなるよ。

昼 楽しい音が流れる

いつも同じような時間になると、テレビから音が聞こえたり、人間が動くようすが見られたりして楽しい♪

夜 明かりが消える

飼い主さんが帰ってきてから、少し遊んだあとはおうちが真っ暗に。ぼくの一日はこれでおしまい。おやすみなさ～い。

ぼくの飼い主さんは、夜型タイプとまではいかないけれど、ねぼすけだし、夜も遅いことが多いよ。だけど、ぼくが早寝早起きをできるように、工夫してくれているんだ。それから、飼い主さんがいない時間も楽しいことが起きるから退屈もしないよ。みんなの飼い主さんも、ぼくの飼い主さんをまねしてくれるといいね。

オラオラ！ こっち来るなよ！

#トリビア　#反抗期

どうやら、反抗期がやってきたようですね

反抗的なその態度、若かりしころの自分を思い出します。どうやら反抗期がやってきたようですね。反抗期は生涯で2回あります。1回目は自我が芽生えはじめる幼鳥時代の「いやいや期」、2回目は心と体のバランスが崩れやすい成鳥・性成熟前期の「思春期」。どちらもキレやすくなる時期です。時がたてば、わたしのように「あんなこともあったなあ」なんて、あたたかい気持ちで振り返ることができますよ。ちなみに、人間も成長過程で2回反抗期を迎えるようです。

飼い主さんへ

「突然かむようになった」と悲しんでいるかもしれませんが、いっしょに暮らしているインコの成長・発達段階を考えてみてください。反抗期にあたれば、それは成長の証しですから長い目で見守っていてほしいものです。

Column

インコの成長カレンダー

成長するにしたがって、体や心が発達します。自分たちの成長と発達を理解しておくと、気持ちの変化を受け入れられるでしょう。

初生ヒナ

孵化したばかりで、巣箱で親にお世話をしてもらいます。まだ感情や判断力はありません。

＊小型・中型→孵化後20日まで

＊大型→孵化後25日まで

差し餌ヒナ

巣箱から出て、ひとりでごはんが食べられるようになるまで。感情や判断力が芽生えます。

＊小型→20〜35日　＊中型→20〜50日　＊大型→25日〜3か月

幼鳥

ひとりごはんからおとなの羽毛に生えかわる（ヒナ換羽）まで。自我や個性が芽生えます。

＊小型→35日〜5か月　＊中型→50日〜6か月　＊大型→3〜8か月

若鳥

ヒナ換羽から性成熟期を迎えるまで。自立した生活に移行し、社会性を学びます。

＊小型→5〜8か月　＊中型→6〜10か月　＊大型→8か月〜1歳半

第一次反抗期

成鳥・性成熟前期

性成熟期を迎えてから繁殖適応期まで。心と体のバランスが崩れやすい時期です。

＊小型→8〜10か月

＊中型→10か月〜1歳半

＊大型→1歳半〜4歳

第二次反抗期

完成鳥・性成熟完成期

繁殖適応期。パートナーへの愛情がとても強くなり、問題が起こることもあります。

＊小型→10か月〜4歳　＊中型→1歳半〜6歳　＊大型→4〜10歳

安定鳥

繁殖適応期が終わり、円熟期まで。精神的に安定しますが、退屈と感じてしまうことも。

＊小型→4〜8歳　＊中型→6〜10歳　＊大型→10〜15歳

高齢鳥

円熟期以降。穏やかになり、新しいことに興味がなくなります。平和な毎日がハッピー！

＊小型→8歳以降　＊中型→10歳以降　＊大型→15歳以降

高血圧ってこわいことなの？

#トリビア　#血圧

わたしたちは人間より血圧が高い！

もしかしたら、きみの飼い主さんは健康診断で「血圧が高い」と指摘されて、騒いでいるのかもしれませんね。だからって、きみの血圧まで心配しなくても大丈夫。なぜかって？　人間とインコの血圧の基準は異なるからです。人間の血圧を基準に考えると、鳥類は高血圧のようです。飛んでいるときには、さらに血圧が高くなりますが、それでも体が耐えられるような構造をしているのです。きみが心配しているほど、わたしたちの体はヤワじゃないんですよ！

飼い主さんへ　いくらわたしたちの血圧が高いといっても、限界があります。それこそ、血圧が上がりすぎて本当に高血圧になってしまうことも。最近わかってきたことなのですが、わたしたちも人間と同じように、生活習慣病になるみたいですよ。

なんか…病む……

#トリビア　#心の病気

飼い主さんのメンタルに共感しているのかも……!?

どうしたのですか？　なにかつらいことがありましたか？　思い当たらないということは、もしかして飼い主さんがつらそうにしていませんか？　わたしたちは、パートナーの気持ちや行動に共感するがゆえに、幸せや喜びだけでなく悲しみや恐怖までも共感してしまいます。ですから、飼い主さんがメンタルを病んでいると、わたしたちもいっしょにメンタルを病んでしまうことがあるのです。なかには、心に傷を負い、トラウマを抱えてしまうインコもいるようです。

飼い主さんへ　お宅のインコの元気がないなと思ったら、まずは飼い主さんが最近落ち込んだことはなかったか、考えてみましょう。せっかくいっしょに暮らしているのですから、楽しいことを共有して、おたがいにハッピーな時間を過ごしませんか？

おうちから出たくなーい

「カゴの鳥」はダメ！ひきこもりは解消すべし！

あらあら、ひきこもりになっているようですね。これは、人間といっしょに暮らすインコにありがちな問題。人間と暮らしていると、どうしても行動範囲やコミュニケーションをとる対象が制限されます。では、どうしたらひきこもりが解消されるのでしょうか。飼い主さんの協力が前提ではありますが、日光浴をしたり、飼い主さん以外の人間とコミュニケーションをとったりして新しい刺激を受けましょう。いつまでも同じでは、なにも変わりませんよ！

飼い主さんへ インコのひきこもりは、行動範囲やコミュニケーションが限定されてなわばりがせまくなってしまうことが原因です。え、人間も同じですって？ それなら話は早い！「日光浴」や「ほかの人間に会わせる」ことなどでわたしたちを刺激してくださいね！

Column

めざせ！健康インコ！ 日光浴のコツ

毎日、暗い場所で過ごしていませんか？ わたしたちが健康に過ごすヒケツは、毎日の日光浴なのです。

日光浴のメリット

紫外線により、カルシウムの吸収をサポートするビタミンD3が生成される

セロトニンやエストロゲンが出て、ホルモンバランスが整う

代謝が活発になる

発情が抑制される

自律神経のバランスが整う

日光浴をするときのコツ

1日1回、30分以上！

目安は、1日1回30分以上です。日光浴の時間が短いと、上記の恩恵を受けられない可能性も。窓越しでは紫外線がカットされるので、ケージに入ったまま外で日光浴をしてくださいね。

直射日光に注意する

いくら健康によいといっても、夏の暑い直射日光に当たると、熱中症を起こしてしまうこともあります。暑いと感じたら、日かげに移動しましょう。

ほかの動物がいたら、飼い主さんに知らせる

日光浴では、飼い主さんが家の窓を開けるので、外に住む動物に遭遇する可能性があります。飼い主さん頼みですが、危険なときは教えてあげてくださいね。

飼い主さんに注意してもらいたいのは、「ほかの動物にねらわれないように見守る」「ケージの施錠を怠らない」こと。おたがいが悲しい思いをしないように、インコから目を離さないでください。

トイレの場所くらい覚えられるよ！

#トリビア　#しつけ

教えてくれれば覚えますよ～

あなたの言うとおり！　175ページでもお話ししたように、わたしたちの知能の高さは世界に広まっています。それなのに「トイレの場所が覚えられない」と決めつけている飼い主さんがいるなんて心外です！記憶することが得意なわたしたちですから、飼い主さんがトイレの場所をしっかり教えてくれれば、覚えることもむずかしくないのです。まあ、これも個体差はあるのですが。そもそも「排せつはトイレで」っていう感覚はあんまりないいんですけどね。

飼い主さんへ　トイレを覚え〝させる〟なんて、と思う飼い主さんもいると思いますが、困ったことがあれば、おたがいさま。人間とインコがいっしょに快適に暮らすために、ときには人間がいう「しつけ」を用いることも大切なのかもしれません。

ほかの動物と仲よくできる？

＃トリビア　＃ほかの動物と仲よし

もしかしたら危険な目にあうかも……

ほかの動物というと、イヌやネコなどでしょうか。なかには、彼らといっしょに暮らしているというインコもいるみたいですね。18ページで話したように、わたしたちはだれに対しても対等な関係を築きますから、仲よくなることもできます。しかし、これだけは覚えていてください。本来イヌやネコにとって、わたしたちは捕食の対象です。なにかのきっかけで襲われてしまうことも十分に考えられます。「仲よしだから大丈夫」なんて油断は禁物ですよ。

飼い主さんへ　よそのお宅のインコとイヌやネコが仲よくしている動画や写真を見て、うらやましいと思う気持ちはわかります。しかし、悲しい結果になった事例が上がっていることも事実です。インコ以外の動物も暮らしている場合は、十分に注意してくださいね。

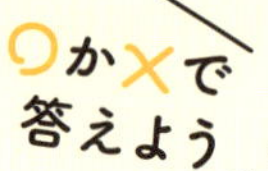

インコ学テスト－後編－

前編に続いて、4〜6章を振り返ります。
めざすは満点のみです！

第1問 インコの祖先は、**恐竜**である。［　　　］
→答え・解説 P.166

第2問 寝る前には、**くちばしを研いで明日の準備**をする。［　　　］
→答え・解説 P.106

第3問 インコの視野は、**360度**ある。［　　　］
→答え・解説 P.138

第4問 インコの排せつは、**ウンチ**と**オシッコ**の2種類。［　　　］
→答え・解説 P.121

第5問 **頭を振る**のは、頭が痛いから。［　　　］
→答え・解説 P.94

第6問 インコは、昼間に活動する**昼行性**である。［　　　］
→答え・解説 P.176

第7問 地面を**歩く**のが好きなインコがいる。［　　　］
→答え・解説 P.149

第8問 ひとりで**家の外**に遊びに行ってもよい。［　　　］
→答え・解説 P.112

第9問　ひきこもりになるインコもいる。　[　　　]　→答え・解説 P.182

第10問　インコは、アロマオイルを吸ってはいけない。　[　　　]　→答え・解説 P.144

第11問　インコの胃は、ひとつである。　[　　　]　→答え・解説 P.156

第12問　反抗期になると、キレやすくなる。　[　　　]　→答え・解説 P.178

第13問　ヨウムが床を掘るのは、宝を探しているから。　[　　　]　→答え・解説 P.129

第14問　インコに耳はない。　[　　　]　→答え・解説 P.145

第15問　暑いときは、羽を広げて放熱する。　[　　　]　→答え・解説 P.108

11〜15問正解

すばらしい！　あなたはインコの中のインコです。インコ先生になれますよ。

6〜10問正解

おしいです。あと一息なので、もう一度本書を読み返しましょう！

0〜5問正解

わたしが教えている間、眠っていたでしょう!?　バレバレですよ……。

INDEX

#体

#トリビア

監修　磯崎哲也　いそざき てつや

ヤマザキ動物専門学校非常勤講師、飼鳥情報センター代表。愛玩動物飼養管理士一級。座右の銘は、「飼養管理に満点はない」「百羽百色」。欧米の先進的な鳥類獣医学や、科学的飼養管理情報を収集・研究し、その情報の普及に努めている。著書に『幸せなインコの育て方』（大泉書店）、監修書に『世界のインコ』（ラトルズ）、『インコ語レッスン帖』（大泉書店）など多数。

カバー・本文デザイン	細山田デザイン事務所（室田 潤）
DTP	長谷川慎一
イラスト	BIRDSTORY（合同会社ほおずき印）
校正	若井田義高
編集協力	株式会社スリーシーズン （松本ひな子、大友美雪、荻生 彩）

飼い主さんに伝えたい130のこと
インコがおしえるインコの本音

監　修	磯崎哲也
編　著	朝日新聞出版
発行者	片桐圭子
発行所	朝日新聞出版 〒104-8011　東京都中央区築地5-3-2 電話　(03) 5541-8996（編集） 　　　(03) 5540-7793（販売）
印刷所	図書印刷株式会社

Published in Japan by Asahi Shimbun Publications Inc.
ISBN 978-4-02-333165-5

定価はカバーに表示してあります。
落丁・乱丁の場合は弊社業務部（電話03-5540-7800）へご連絡ください。
送料弊社負担にてお取り替えいたします。